"创新设计思维"
数字媒体与艺术设计类新形态丛书

全|彩|微|课|版

Procreate

数字绘画实战教程

韩晗 编著

U0734206

人民邮电出版社

北　京

图书在版编目（ＣＩＰ）数据

Procreate数字绘画实战教程：全彩微课版 / 韩晗
编著. -- 北京：人民邮电出版社，2025.3
（"创新设计思维"数字媒体与艺术设计类新形态丛书）
ISBN 978-7-115-62965-4

Ⅰ．①P… Ⅱ．①韩… Ⅲ．①图像处理软件－教材
Ⅳ．①TP391.413

中国国家版本馆CIP数据核字(2023)第192862号

内 容 提 要

本书讲解 Procreate 数字绘画的方法与技巧，并结合大量案例进行实操演示。全书共 8 章。第 1 章讲解数字绘画的理论知识与流程；第 2 章讲解 Procreate 的基础知识；第 3～7 章讲解 Procreate 的核心操作技巧；第 8 章讲解 3 个综合案例，读者可综合运用本书讲解的知识与技能进行练习。

本书通过解析典型案例的设计思路，详细介绍 Procreate 的操作方法，以培养读者的设计思维，提高读者的实际操作能力。同时，本书还附有微课视频，读者可以扫描二维码观看课堂案例、课堂练习、课后练习和综合案例的操作视频。

本书可作为本科院校、职业院校动画与美术相关专业的教材，也可供 Procreate 初学者自学使用，还可作为数字绘画工作人员的参考书。

◆ 编　著　韩　晗
　　责任编辑　韦雅雪
　　责任印制　王　郁　胡　南

◆ 人民邮电出版社出版发行　　北京市丰台区成寿寺路 11 号
　　邮编　100164　电子邮件　315@ptpress.com.cn
　　网址　https://www.ptpress.com.cn
　　北京世纪恒宇印刷有限公司印刷

◆ 开本：787×1092　1/16
　　印张：11.5　　　　　　　　2025 年 3 月第 1 版
　　字数：285 千字　　　　　　2025 年 3 月北京第 1 次印刷

定价：69.80 元

读者服务热线：(010)81055256　印装质量热线：(010)81055316
反盗版热线：(010)81055315

前 言

近年来，Procreate 逐渐成为创意领域工作者、相关专业学生和数字绘画爱好者最常使用的绘画软件之一。相比传统的 PC 端绘图软件，Procreate 更易于学习和掌握，这也使更多的爱好者投入曾经具有较高学习难度的数字绘画创作中来。艺术设计类专业的课程越来越数字化，Procreate 相关课程是插画设计相关专业的重要专业课。党的二十大报告中提到："教育、科技、人才是全面建设社会主义现代化国家的基础性、战略性支撑。"为了帮助各类院校快速培养优秀的插画设计人才，本书以Procreate 为工具，通过多个案例由浅入深地讲解进行数字绘画的方法。

编写理念

本书遵循"基础知识＋案例实操＋强化练习"三位一体的编写理念，理论与实际相结合，学习与练习并重，帮助读者全方位掌握 Procreate 数字绘画的方法和技巧。

基础知识：讲解重要的和常用的知识点，分析和归纳 Procreate 数字绘画的操作技巧。

案例实操：结合行业热点，精选典型的商业案例，详解 Procreate 数字绘画的设计思路和操作方法；通过综合案例，全面提升读者的实际应用能力。

强化练习：精心设计有针对性的课堂练习和课后练习，拓展读者的应用能力。

教学建议

本书的参考学时为 48 学时，其中讲授环节为 24 学时，实训环节为 24 学时，学时分配详见下表。

章	课程内容	学时分配	
		讲授	实训
第 1 章	走近数字绘画	3 学时	1 学时
第 2 章	Procreate 基础	3 学时	1 学时
第 3 章	画笔	4 学时	4 学时
第 4 章	图层	3 学时	3 学时
第 5 章	操作	3 学时	3 学时
第 6 章	调整	4 学时	4 学时
第 7 章	选取和变换	3 学时	3 学时
第 8 章	综合案例	1 学时	5 学时
学时总计		24 学时	24 学时

配套资源

本书提供了丰富的配套资源，读者可登录人邮教育社区（www.ryjiaoyu.com），在本书页面中下载。

微课视频： 本书提供微课视频，读者扫码即可观看，支持线上线下混合式教学。

素材文件和效果文件： 本书提供案例的素材文件和效果文件。

教学辅助文件： 本书为教师提供 PPT 课件、教学大纲、教案等。

编者

2025年1月

目 录

第 **4** 章

图层

第 **5** 章

操作

第 **6** 章
调整

第 **7** 章
选取和变换

第 **8** 章
综合案例

走近数字绘画

第 1 章

本章将讲解数字绘画的概念、基础理论知识和一般流程，带领读者走近数字绘画。

本章学习目标如下。

（1）了解数字绘画。

（2）熟悉并掌握数字绘画的基础理论知识。

（3）了解数字绘画的一般流程。

本章知识结构

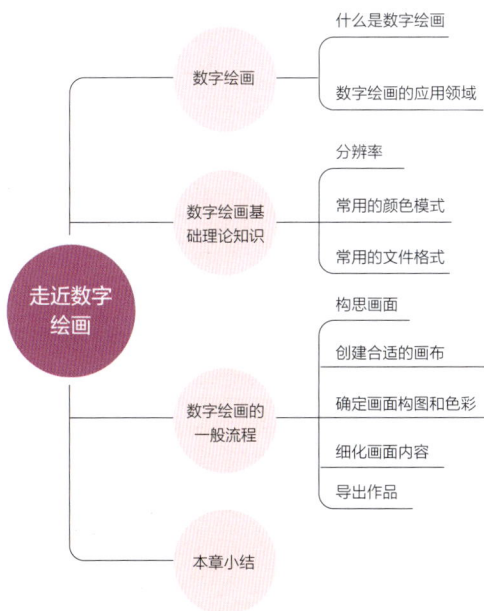

```
                                    ┌── 什么是数字绘画
                        数字绘画 ────┤
                                    └── 数字绘画的应用领域

                                    ┌── 分辨率
                        数字绘画基 ──┼── 常用的颜色模式
                        础理论知识    └── 常用的文件格式

走近数字                             ┌── 构思画面
绘画                                 ├── 创建合适的画布
                        数字绘画的 ──┼── 确定画面构图和色彩
                        一般流程      ├── 细化画面内容
                                    └── 导出作品

                        本章小结
```

1.1 数字绘画

随着信息技术的发展，数字绘画的应用越来越广泛，给设计师带来了极大的便利。

1.1.1 什么是数字绘画

数字绘画区别于传统绘画，不以实体工具为载体，而以数字技术为媒介。创作工具和作品没有实物，在计算机等设备中以文件或软件的形式存在。数字绘画与传统绘画虽然创作工具和技法有所区别，但绘画的本质相同，在思维层面，创作者对形、色的认识和把控，以及对画面整体效果的把控，在任何一种绘画形式中都是核心能力。

数字绘画出现于 20 世纪中期。20 世纪 50 年代，世界上第一台数字显示器出现。美国数学家本·拉伯斯基（Ben Laposky）最早将数字技术与绘画结合，他运用电子阴极管示波器和类似模拟计算机的设备创作出了一组名为《电子抽象》（Electronic Abstractions）的数字绘画作品。20 世纪 60 年代，德国的两名数字绘画艺术家阿西本（Aseben）和菲特（Fetter）推动了数字绘画的发展，他们使用鼠标和触控笔进行创作，不过画面仅仅由简单的直线、多边形和圆组成，颜色也只有一种。随着计算机技术的发展和互联网的普及，数字绘画现已成为主流创作形式之一，拥有一大批爱好者及专业创作者。

1.1.2 数字绘画的应用领域

因为数字绘画作品以互联网为传播途径，其传输与发布相较于传统绘画更加便捷，创作软件本身的强大功能也为创作提供了极大的支持，所以数字绘画的应用领域极广。在漫画领域和 CG 插画领域，数字绘画兴起较早，已经发展成熟；游戏也是对数字绘画需求量极大的领域之一；在影视制作领域，故事板、分镜头和场景图的绘制与渲染同样需要用到数字绘画。此外，单纯的数字绘画已成为一个独立的行业，许多知名当代艺术家也尝试通过数字绘画进行创作，如英国艺术家大卫·霍克尼（David Hockney）在晚年就开始尝试使用 iPad 绘画；数字绘画作品也能够如传统艺术品一样进入艺术市场，如数字艺术家彼坡（Beeple）的系列数字绘画作品曾在 2021 年一鸣惊人。

1.2 数字绘画基础理论知识

了解数字绘画的基础理论知识，将有助于之后的数字绘画学习和练习。

1.2.1 分辨率

分辨率可以简单理解为画面的精细度，是指一张图片中的像素数，像素越多，图片越精细，图片占用的内存也越大。通常选中图片文件，在文件的"属性"中即可查看分辨率。例如，分辨率为 1080 像素 ×1980 像素，就是指图片水平像素有 1080 个，垂直像素有 1980 个，整体超过 200 万

Procreate数字绘画实战教程（全彩微课版）

像素，这样的图片用普通显示器查看较为清晰。

Procreate 中常用的设置是画布的 DPI，是指每英寸内的像素点数。通常 DPI 越大，图片精度越高；DPI 越小，图片质量越低。在绘画时，将 DPI 设置为 300 即可。

1.2.2　常用的颜色模式

RGB 模式和 CMYK 模式是常用的两种颜色模式，分别针对屏幕浏览和印刷浏览。

1. RGB模式

RGB 模式是创作阶段和屏幕浏览使用的颜色模式，特点是色域广、颜色鲜亮。RGB 模式的颜色效果与显示器的质量有关，在不同的显示器中打开同一张图片，色彩可能有差异。RGB 模式中有些颜色通过实体印刷难以呈现。

2. CMYK模式

CMYK 模式是图片印刷需要的颜色模式，CMYK 模式的图片在屏幕上的效果和印刷后的效果差异较小。但在 Procreate 中创作时，即使是需要交付印刷的作品，也不建议使用 CMYK 模式，因为该模式会极大地压缩色域，限制创作用色空间。

1.2.3　常用的文件格式

Procreate 中常用的文件格式有 Procreate、JPEG 和 PNG。Procreate 格式的文件用于保存图层等创作信息，保存后还可以重新打开继续创作。JPEG 和 PNG 格式的文件都常用于保存图片，保存后的图片可以直接进行传输和发布，其中，PNG 格式的文件还可以保存透明效果。第 5 章将进一步对文件格式进行介绍。

1.3　数字绘画的一般流程

数字绘画的一般流程和实体绘画无较大差异，整体思路都是由构思到落笔，由整体到局部，由外形到细节。本节先进行总体概览，在接下来的练习中，读者将进一步通过实践体会创作流程。

1.3.1　构思画面

数字绘画的第一步是构思画面，这一步需要确定想画什么内容、希望传递什么情感；再围绕这两个问题进一步思考为了表现内容和传递情感，怎样的画面构图最合适，什么样的光影效果最贴合画面情绪，什么样的色彩关系有助于烘托气氛……从而确定画面的基本设计。

在构思时，可以用草稿辅助思考，通过一些草图的勾勒或颜色的填充，确定画面的初步效果。此外，收集图片素材也是重要的辅助构思的方法，参考图片素材有助于创作者更加真实、合理地描绘画面，但参考图片素材时需注意图片的版权和原创性问题，通常参考自己拍摄的图片或开放了版权的图片较为合适。

1.3.2 创建合适的画布

不同于实体绘画中的纸张或画布有统一规格，且一旦确定，更改尺寸就较为困难，数字绘画的画布千变万化，创作者可以根据自己的需要任意调节尺寸，在创作过程中也可以随时调节尺寸。

数字绘画画布的尺寸完全可以根据创作者的需要而定，除受设备的运行限制外没有任何束缚，这也是创作阶段需要先构思画面的原因——只有构思好画面，创作者才知道自己需要什么尺寸的画布。

1.3.3 确定画面构图和色彩

创建画布后，需要确定画面构图和色彩，即确定形和色两方面。形是指描绘内容的造型，通常可以用线稿来确定；色是指画面的整体色调和色彩关系，可以用铺色的方式确定。在绘画时，创作者应力求达到"形色结合"，即造型与色彩彼此贴合，相辅相成，从而强化画面效果。

1.3.4 细化画面内容

确定画面构图和色彩后，需要细化画面内容，通常包括立体感的塑造、质感的表达、光影效果的呈现和色彩的丰富。需要注意的是，细节的刻画同样为画面整体服务，所以绝不能钻进细节里而忽略整体画面，需要时时"跳"出局部，纵览全局。

1.3.5 导出作品

完成数字绘画作品后需将其导出，即从工程文件生成图片文件（或其他格式的文件），并在网络上或设备之间传播。

1.4 本章小结

依赖于计算机技术的发展和不同绘画软件的成熟与迭代，对于数字绘画工具，创作者拥有越来越多的选择。这些技术的革新和功能的完善将在创作者进行数字绘画创作的过程中提供大量辅助和支持，以及传统绘画没有的便捷性。本书将着重介绍 Procreate 的功能，通过文字讲解和案例练习结合的方式，对功能进行逐一讲解。数字绘画的本质依然是绘画，作品的质量仍是由创作者的审美和绘画技法决定的，软件中的一些功能都应服务于创作者。

Procreate基础

本章将介绍Procreate的基础知识，包括其主要功能、操作方式、界面和常用工具等，帮助读者为之后的数字绘画练习奠定基础。

本章学习目标如下。

（1）了解支持Procreate的硬件设备。

（2）熟悉Procreate的界面。

（3）了解Procreate的主要功能和常用工具。

本章知识结构

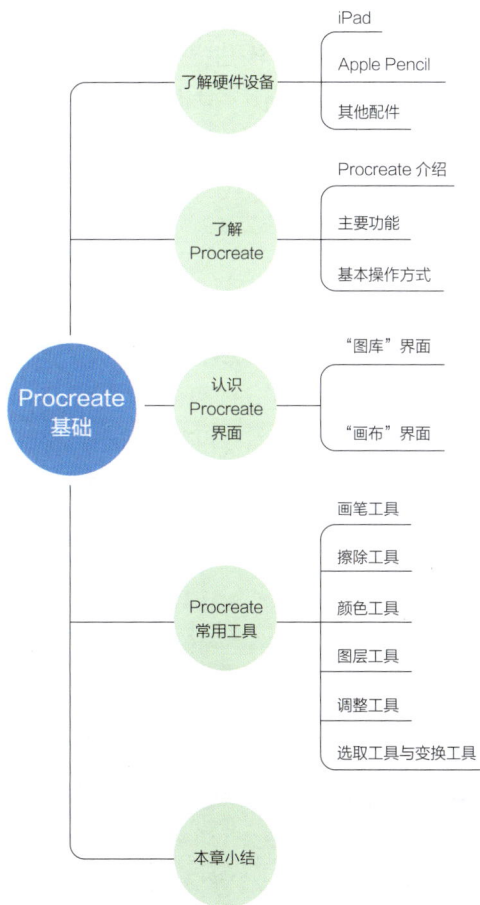

Procreate 是一款功能强大的创意工具，其丰富的功能可以满足绘画、图片编辑、图文排版和动画制作等多项创作需求。它可以在 iPad 和手机中使用，轻薄便携的载体让用户能随时随地进行创作。

2.1 了解硬件设备

Procreate 共有 Procreate for iPad 和 Procreate Pocket 两个版本，前者支持在 iPad 上通过手指与 Apple Pencil 操作，后者支持在手机上用手指操作。本书主要介绍数字绘画功能更为强大的 iPad 版本。本节介绍用 Procreate 进行数字绘画所需的硬件设备：iPad、Apple Pencil 及其他配件。

2.1.1 iPad

在 iPad 中，通过 App Store 可直接安装 Procreate，软件图标如图 2-1 所示。iPad 具有屏幕大且反应灵敏、显示色彩范围广和携带便捷等优点，适合用于进行数字绘画。此外，Procreate 可以与 iPad 中的其他软件进行互动。例如，相册中的图片可直接导入 Procreate 进行编辑；作品可直接导出到本地相册，也可以直接通过设备中的通信软件分享和传输。

图2-1

2.1.2 Apple Pencil

Apple Pencil 是使用 Procreate 进行数字绘画最重要的工具，通过 Apple Pencil 与 Procreate 的结合，可以画出使用百种绘画工具绘画的质感和效果。

1. 画笔结构

Apple Pencil 的外形类似普通的铅笔，分为笔身和笔头两部分，如图 2-2 所示。

其中，圆锥体笔头可在缝隙处旋转、拆卸并更换，如图 2-3 所示。

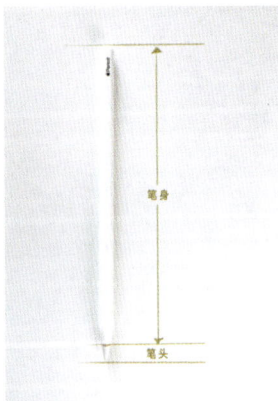

图2-2

图2-3

2. 充电与连接

Apple Pencil 通过 iPad 进行充电，两代 Apple Pencil 在充电方式上有所区别。

一代 Apple Pencil 的尾部装有充电头，可插入 iPad 充电口进行充电。首次使用时，将 Apple Pencil

尾部与 iPad 充电口连接后，iPad 屏幕中会弹出"Apple Pencil"字样并显示电量百分比，如图2-4所示。

二代 Apple Pencil 的笔身一侧呈平面状，该面可通过磁力吸附于 iPad 侧面进行无线充电。首次使用时，将笔身吸附于 iPad 上，如图2-5所示，iPad 屏幕中会弹出"Apple Pencil"字样并显示电量百分比。

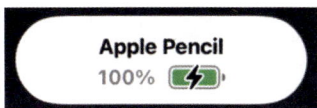

图2-4

图2-5

在保证 Apple Pencil 有足够电量且与 iPad 建立了连接的情况下，Apple Pencil 即可正常使用，如果使用笔尖在屏幕上操作却无反应，可将笔尖长时间接触屏幕上任意一点，以建立连接。

3. 压感与角度

Apple Pencil 强大的功能之一是压感，根据笔尖施加于 iPad 屏幕的压力的大小，绘制的线条会有不同的粗细和颜色深浅，从而可以创造出和实体绘画相近的微妙笔触，如图2-6所示（使用的画笔为"着墨 > 暮光"）。

笔尖与屏幕的接触角度同样会对绘制的线条产生影响。例如，用画笔绘画时，将笔尖垂直于屏幕，绘制出的线条相对精细；将笔尖倾斜于屏幕，绘制出的线条相对较粗，如图2-7所示（使用的画笔为"素描 >6B 铅笔"）。其原理和在纸上用铅笔绘画的原理类似。

图2-6

图2-7

4. 快捷手势

在握笔姿势下，食指轻敲两下笔身的平面位置，如图2-8所示，即可在画笔工具和擦除工具之间快速切换。

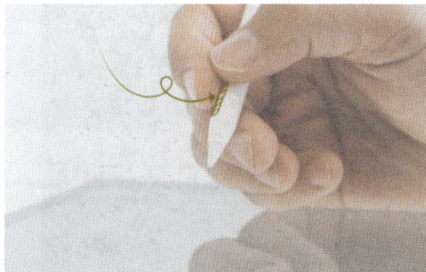

图2-8

2.1.3 其他配件

除 iPad 和 Apple Pencil 两个必备工具之外，创作者可以根据创作需求添置不同的配件，常见的配件有类纸膜（质感模仿纸面的屏幕膜）、iPad 支架（用于支撑 iPad 并可调整高度和角度）、笔套（用于更改 Apple Pencil 的粗细、触感或增加和手部的摩擦）、笔尖（不同材质和形状的笔尖会影响绘画、书写的笔触）等。

2.2 了解Procreate

Procreate 以触控为主要操作方式，它配有直观的创作界面和丰富的强大功能。本节将讲解 Procreate 的主要功能及操作方式。

2.2.1 Procreate介绍

Procreate 是一款 iOS 平台绘画软件，以数字绘画为核心，其具有独特的功能和直观的操作，同时满足了设计、动画制作等多项需求，因而广受创作者的喜爱。Procreate 利用 iPad 的触屏方式，将设备屏幕变为一张可直观操作的画布，并将画笔等多种工具融合于同一界面中。简而言之，Procreate 就是将现实绘画中的画布、画笔和颜料等实体工具转化为应用中的数字工具，创作者无须准备和携带大量工具，只需使用 iPad 和 Apple Pencil，通过触屏操作即可一步切换工具。

2.2.2 主要功能

Procreate 可用作绘图软件，其丰富的功能可以用于进行图片编辑、图文排版和动画制作。此外，Procreate 还实现了绘制 3D 模型等功能。

1. 数字绘画

Procreate 中的"画笔库"面板自带超过 200 种画笔，包括铅笔、墨水笔等，如图 2-9 所示。使用这些画笔可进行绘制、涂抹、擦除等操作，以创造出丰富的质感。同时，Procreate 提供超广的色彩范围和直观、便捷的色彩控制，以及色彩调和、色彩助手等配色帮手，一支笔在手，创作者便可创造出绚丽的视觉效果。将上述创作工具配合图层工具、调整工具等工具使用，创作者能够尽情创作。

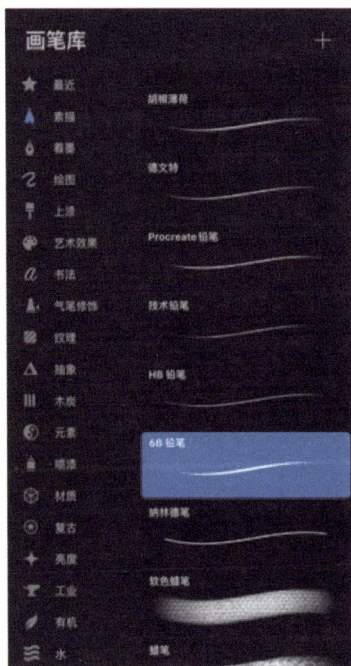

图2-9

2. 图片编辑

在 Procreate 中，可以对图片的尺寸进行调整，还可以导入不同的图片素材进行拼贴和覆盖。"调整"面板中有"色相、饱和度、亮度""颜色平衡""曲线"等基础的图片调整工具，还能进行模糊效果、风格化效果和变形效果的制作，如图 2-10 所示。将这些效果与选取工具和变换工具相结合，还能针对图片的局部进行编辑。此外，Procreate 的图层有丰富的蒙版和混合模式，同样可用于进行图片编辑。

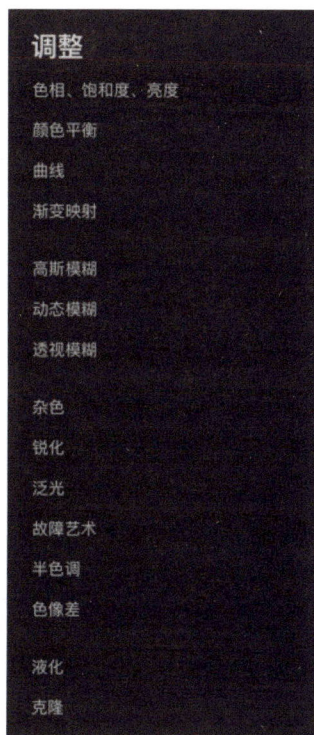

图2-10

3. 图文排版

在 Procreate 中，还可以进行文字插入，并对文字的字体、尺寸、间距、行距和对齐方式等进行调节，如图 2-11 所示。除自带字体外，Procreate 也支持创作者自己安装字体。Procreate 的图文导入及编辑操作，配合自动对齐、调整、变换等功能，尽管无法与专业的设计排版软件相媲美，但可以满足简单排版或草稿设计的需求。

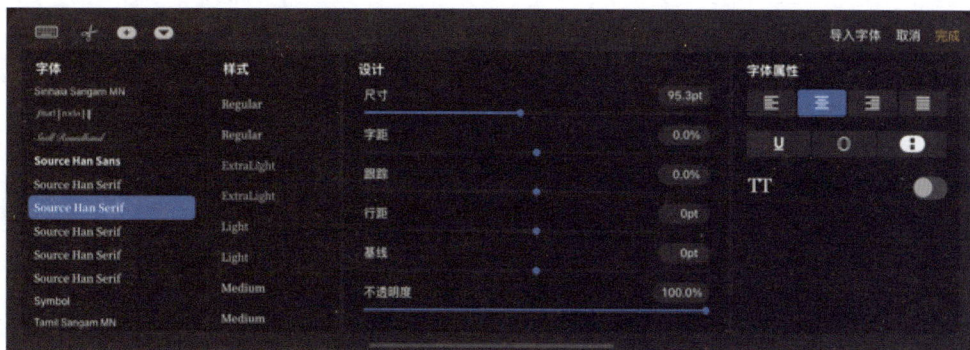

图2-11

4. 动画制作

在 Procreate 中可以制作简单的动画和动图，点击"操作 > 画布"，启用"动画协助"功能，界面下方便会出现时间轴，如图 2-12 所示。可以通过添加帧、设置每秒帧数及对不同帧作画来制作小动画，并以 GIF、MP4 等多种格式将其导出。此外，Procreate 的"缩时视频"功能可记录作画的全过程并导出过程视频。

图2-12

2.2.3　基本操作方式

Procreate 的基本操作方式是手指与笔配合，为了解放双手，通常将 iPad 置于桌面支架上，绘画写字的常用手持 Apple Pencil。这里以右手为例，右手持笔绘画，用笔尖在界面右半部分进行工具切换、图层编辑、颜色选择等操作；另一只手（左手）的手指进行撤销、重做、吸色等快捷操作，并在界面左半部分调整尺寸、不透明度等选项。如果是左手持笔绘画，则可以参考这一原则灵活调整：一手持笔，一手空着，两只手各负责界面左右两部分的操作。

2.3　认识Procreate界面

Procreate 主要有两个界面："图库"界面和"画布"界面。熟悉界面的操作将有助于接下来的学习，并提高使用软件的效率。

2.3.1　"图库"界面

"图库"界面是打开软件后的第一级界面，用于浏览、查看已创作的所有作品。此外，新建画布或打开图片也需要在"图库"界面进行操作。

1. 认识界面

点击 Procreate 图标后，将直接进入"图库"界面。"图库"界面可以划分为 3 个部分：左上角软件名称、右上角操作选项和主体图库区域，如图 2-13 所示。

图2-13

主体图库区域：在该区域可以浏览、打开过去创作的作品，初次使用 Procreate 时，图库区域中会出现几个示例作品，之后创作的所有作品也会出现在这里。

左上角软件名称：点击软件名称，在弹出的界面中可查看软件版本等信息，同时可点击"恢复示例作品"和"开始恢复图库"，如图 2-14 所示。

右上角操作选项：有"选择""导入""照片""+"4 个选项，如图 2-15 所示。点击"选择"可以勾选图库中的作品，并进一步进行分享、删除、预览、复制操作；点击"导入"可以将设备中的文件导入软件进行编辑；点击"照片"可以将相册中的图片导入作为画布；点击"+"可以新建画布。这些重要操作将在下面详细介绍。

图2-14

图2-15

2．界面操作

新建画布：点击右上角的"+"，弹出"新建画布"面板，其中包含已设定好的常用画布尺寸，如图 2-16 所示。

创作者也可以根据需求自定义画布尺寸。点击"新建画布"面板右上角的 图标，进入自定义画布尺寸界面，如图 2-17 所示。在这个界面中，可以编辑画布的宽高和 DPI（分辨率）、选择颜色配置文件、设置缩时视频和画布属性。全部设置好后，点击右上角的"创建"即可创建自定义画布。

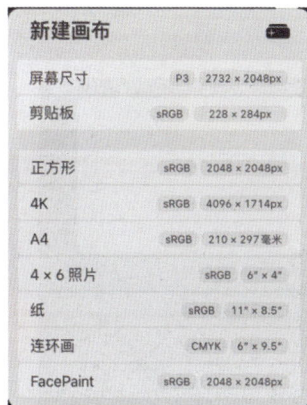

图2-16

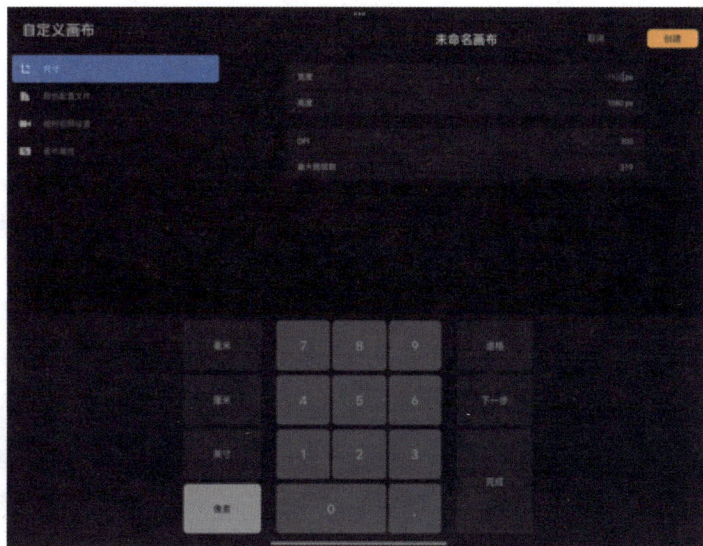

图2-17

以下为常用的画布设置。

尺寸：宽、高建议均不超过 500mm 或 5000px，DPI 建议设为 300。

颜色配置文件：使用 RGB 模式中的 sRGB IEC6 1966-2.1m。如果需要印刷，同样使用 RGB 模式进行作画以保证色域，完成作品后可通过 Photoshop 更改颜色配置文件或与印刷厂对接。

设置缩时视频：1080p，质量优秀即可。若对视频要求较高，则可选择 4K 或更高的质量。

画布属性：背景颜色选择白色，背景隐藏。

打开照片：点击"照片"，进入相册界面，点击想打开的照片，该照片即可作为画布出现，画布的尺寸即照片的尺寸。

导入文件：点击"导入"，进入设备文件夹界面，点击想导入的文件，即可打开该文件。如果是多页的文件，则"画布"界面下方会出现"页面辅助"面板，用于切换文件页面，如图 2-18 所示。

图2-18

预览作品：点击"选择"，"图库"界面中的作品名称前会出现可勾选圆圈，如图 2-19 所示。勾选想要预览的作品后点击右上角的"预览"，即可全屏预览该作品。

图2-19

复制作品：点击"选择"，"图库"界面中的作品名称前会出现可勾选的圆圈。勾选想要复制的作品后点击右上角的"复制"，即可复制该作品，"图库"界面中原作品相邻位置会出现一个一样的作品，如图 2-20 所示。

删除作品：点击"选择"，"图库"界面中的作品名称前会出现可勾选的圆圈。勾选想要删除的作品后点击右上角的"删除"，即可删除该作品。

重命名作品：点击作品下的名称（通常是"未命名作品"），弹出重命名界面，如图 2-21 所示，输入自定义名称即可完成重命名。

图2-20

图2-21

3. 快捷手势

通过快捷手势，可以更便捷地预览"图库"界面中的作品。双指指尖置于作品预览图上，并做放大手势（双指拉开），即可全屏预览该作品。全屏预览时，向左或向右滑动，可预览该作品前后的其他作品。

2.3.2 "画布"界面

在"图库"界面中打开任意作品，或新建画布后，即可进入"画布"界面。"画布"界面主要用于创作，该界面中的工具主要分布在顶部左侧工具栏、顶部右侧工具栏和侧边工具栏中。

1. 顶部左侧工具栏

顶部左侧工具栏中从左至右的工具依次是：图库工具、操作工具、调整工具、选取工具、变换工具，如图 2-22 所示。点击"图库"，即可回到上一级"图库"界面。点击某个图标，该图标会变为蓝色。点击"操作"图标 🔧 或"调整"图标 🖌️，下方会弹出对应面板，如图 2-23 所示。点击"选取"图标 ⑤ 或"变换"图标 ↗，界面底部会出现对应工具，如图 2-24 所示。

图2-22

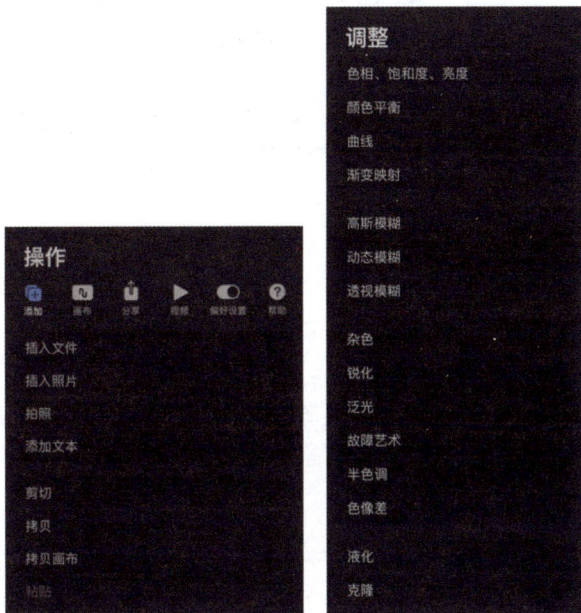

图2-23

图2-24

2. 顶部右侧工具栏

顶部右侧工具栏中从左至右的 5 个工具依次是：画笔工具、涂抹工具、擦除工具、图层工具和颜色工具，如图 2-25 所示。

图2-25

点击某个图标，相应的图标会变为蓝色；再次点击，图标下方会弹出对应面板。画笔工具、涂抹工具和擦除工具对应的面板均为"画笔库"面板，"图层"面板中将显示当前画布图层，"颜色"面板中有多种调色模式，如图2-26所示。在作画过程中，需要配合使用这5个工具，画笔工具、涂抹工具和擦除工具是创作或修改绘画作品的工具，颜色工具决定笔触的色彩，图层工具决定当前作画的位置。

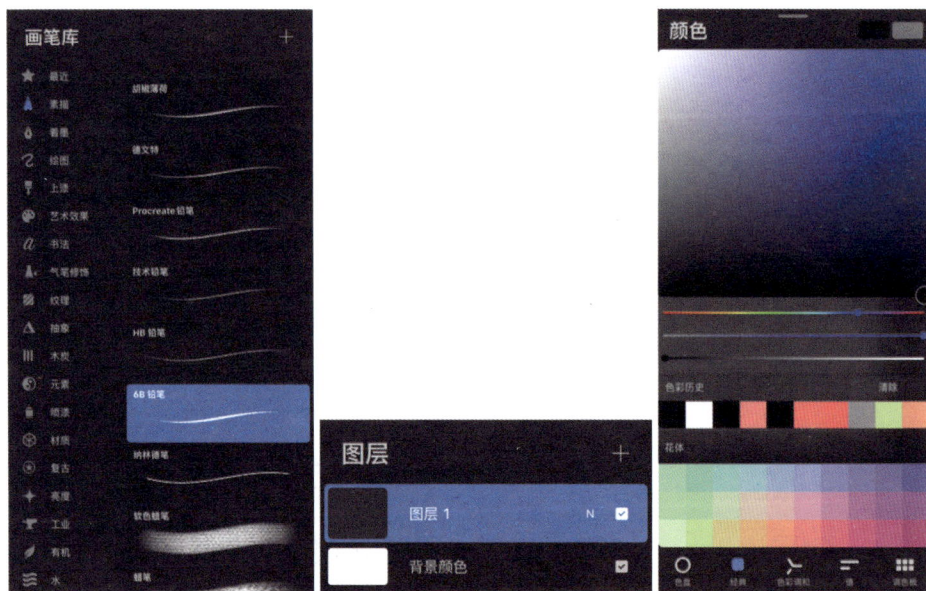

图2-26

3. 侧边工具栏

侧边工具栏主要用于调整画笔工具、擦除工具和涂抹工具这3个工具的参数，上方的滑块用于调整尺寸，下方的滑块用于调整不透明度，中间的方框是吸色工具，底部的左右箭头分别用于撤销和重做，如图2-27所示。

尺寸：上下滑动上方的滑块，滑块右侧会出现当前尺寸百分比及画笔形状预览，如图2-28所示。

不透明度：上下滑动下方的滑块，滑块右侧会出现当前不透明度百分比和画笔透明效果预览，如图2-29所示。

吸色：长按两个滑块中间的方框，画面中会出现吸色环，如图2-30所示。移动吸色环，即可吸取笔尖所在位置的画面颜色。

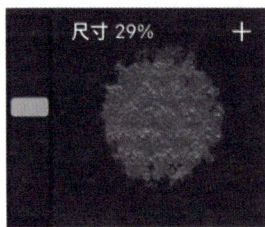

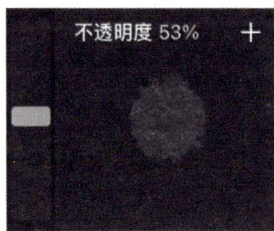

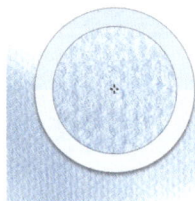

图2-27　　　　　图2-28　　　　　　　　图2-29　　　　　　　　图2-30

撤销和重做：在画布上任意画出一些痕迹，点击滑块下方向左的箭头，可撤销上一步操作；点击向右的箭头，可重做上一步操作，即取消撤销。

4．快捷手势

单指吸色：单指长按画布，画布上会出现吸色环，拖曳吸色环，即可对需要的位置进行吸色。

双指缩放、旋转和移动：两只手指对画布进行捏合或拉开即可缩放画布，双指旋转即可旋转画布，双指拖曳即可移动画布。

双指撤销：两只手指同时点击屏幕，即可快速撤销。

三指重做：3 只手指同时点击屏幕，即可快速重做。

四指隐藏界面：4 只手指同时点击屏幕，即可隐藏四周工具栏。

2.4　Procreate常用工具

画笔工具、擦除工具等是在 Procreate 中进行数字绘画时最为常用的工具，画笔工具必须与颜色工具结合使用。此外，使用图层工具能够丰富画面的层次，使用调整工具可对已绘制的内容进行调节，使用选取工具与变换工具能够选择画面局部并进行变换。

2.4.1　画笔工具

画笔工具是 Procreate 中的主要工具，点击"画笔"图标即可选中该工具，再次点击，弹出"画笔库"面板，如图 2-31 所示，可以在不同的分组中找到自己需要的质感的画笔，侧边工具栏中的滑块可用于调整画笔的尺寸和不透明度。

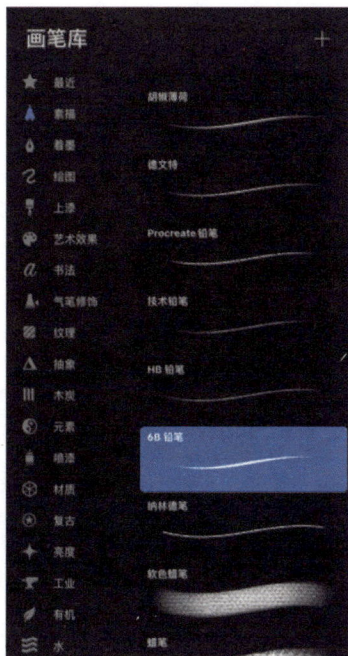

图2-31

2.4.2 擦除工具

使用擦除工具时，同样可从丰富的"画笔库"面板中选择质感，通常建议与画笔的质感保持一致。在侧边工具栏中同样可调节擦除工具的尺寸和不透明度。

2.4.3 颜色工具

颜色工具通常与画笔工具结合使用。点击"颜色"图标打开"颜色"面板，"颜色"面板中有"色盘""经典""色彩调和""值""调色板"5种调色模式可供选择，如图2-32所示。选择合适的颜色后再使用画笔工具进行绘制，即可画出想要的效果。

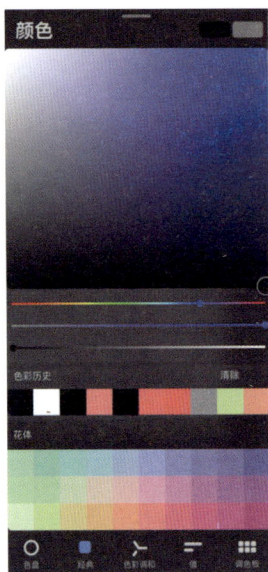

图2-32

2.4.4 图层工具

图层工具是数字绘画的强大功能之一，点击"图层"图标，即可打开"图层"面板，初始状态的"图层"面板包含白色的"背景颜色"图层和空白的"图层1"，如图2-33所示。图层工具的相关知识将在第4章中详细介绍。

图2-33

2.4.5 调整工具

点击"调整"图标即可打开"调整"面板，其中包含"色相、饱和度、亮度""颜色平衡"等多种图片调整工具，如图 2-34 所示，可以针对插入的图片或已绘制的内容进行调节。调整工具的知识将在第 6 章中详细介绍。

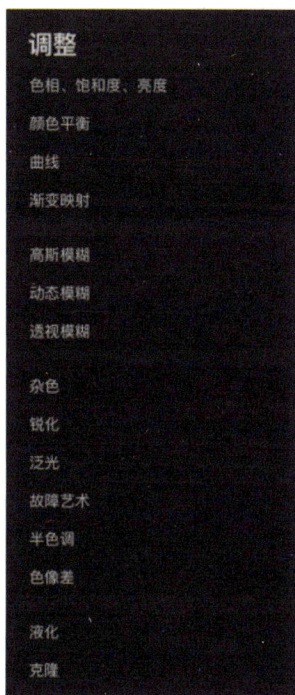

图2-34

2.4.6 选取工具与变换工具

选取工具通常与变换工具结合使用。点击"选取"图标，界面底部会弹出"选取"面板，其中有"自动""手绘""矩形""椭圆"4 种选取方式，如图 2-35 所示，可以使用这些方式选中画面中的局部区域从而进行调整。点击"变换"图标，界面底部会弹出"变换"面板，其中有"自由变换""等比""扭曲""弯曲"4 种变换方式，如图 2-35 所示，可以使用这些方式使选中的部分放大、缩小或发生形变。选取工具和变换工具的知识将在第 7 章中详细介绍。

图2-35

2.5 本章小结

本章主要介绍了用 Procreate 进行数字绘画所需的基本硬件，并对 Procreate 的主要功能、两级界面、基本操作方式及常用工具进行了简单的讲解。这一章的主要目的是让读者熟悉 Procreate，为接下来的数字绘画实战打下基础。本章并未对具体的工具和操作做细致的介绍，这些内容将在后面结合具体案例进行演示，让读者循序渐进地掌握。

第3章

画笔

本章将系统地讲解画笔的相关知识，包括画笔的概念、应用案例等，帮助读者掌握这一知识点。

本章学习目标如下。

（1）认识、了解画笔的概念和功能。

（2）熟悉并掌握画笔的使用方法。

（3）学会利用不同画笔进行不同的质感表达，丰富画面效果。

（4）学会将画笔工具与擦除、涂抹等工具结合使用。

本章知识结构

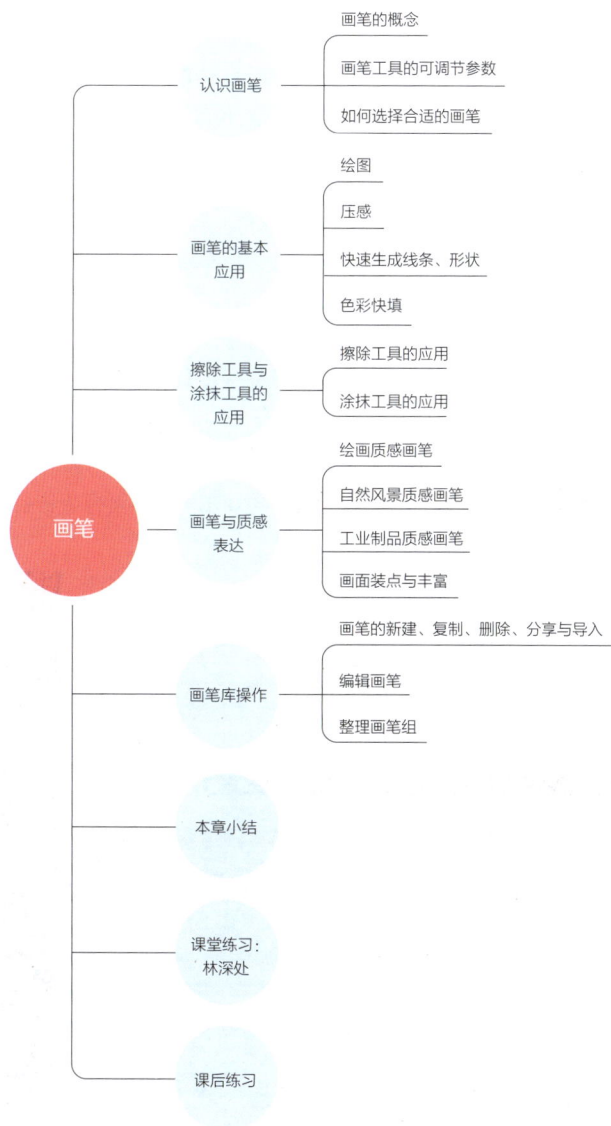

- **认识画笔**
  - 画笔的概念
  - 画笔工具的可调节参数
  - 如何选择合适的画笔
- **画笔的基本应用**
  - 绘图
  - 压感
  - 快速生成线条、形状
  - 色彩快填
- **擦除工具与涂抹工具的应用**
  - 擦除工具的应用
  - 涂抹工具的应用
- **画笔与质感表达**
  - 绘画质感画笔
  - 自然风景质感画笔
  - 工业制品质感画笔
  - 画面装点与丰富
- **画笔库操作**
  - 画笔的新建、复制、删除、分享与导入
  - 编辑画笔
  - 整理画笔组
- **本章小结**
- **课堂练习：林深处**
- **课后练习**

画笔

画笔工具是 Procreate 中最重要的工具，数字绘画中的画笔工具和现实绘画中的画笔工具类似，主要由两个部分组成：画笔和颜色。其中，画笔决定了笔触的大小、形状、质感，也会对着色浓度、不透明度产生影响。选择不同的画笔，并对画笔参数进行调整，配合使用颜色、擦除和涂抹等工具，可以完成一幅完整而精彩的数字绘画作品。初学者在学习 Procreate 的过程中，应了解、掌握不同画笔的特征和绘画效果，能够选择适合自己的画笔并逐步形成个人的用笔习惯。

3.1 认识画笔

Procreate 的"画笔库"面板中默认有超过 200 种画笔，针对素描、设计、动画制作等不同需求，均提供了合适的画笔和无限量的色彩，让创作者在任何时间、地点都能够通过简单的工具实现无限可能的创作。

3.1.1 画笔的概念

Procreate 中的画笔如同现实中的画笔，是创作中最重要的工具。进入"画布"界面，点击"画笔"图标 ✏ 即可启动画笔工具，"画笔库"面板中有丰富的画笔，仅需一支 Apple Pencil，就可以创作出素描、水彩等多种质感的作品。

3.1.2 画笔工具的可调节参数

画笔工具的常用可调节参数包括画笔、颜色、尺寸和不透明度。

1. 画笔

打开 Procreate，自动进入"图库"界面，点击右上角的 ➕ 图标，选择"屏幕尺寸"，新建一张空白画布，如图 3-1 所示。

点击"画笔"图标 ✏，点击后该图标呈蓝色 ✏，再点击一次，图标下方会弹出"画笔库"面板，如图 3-2 所示。

图3-1

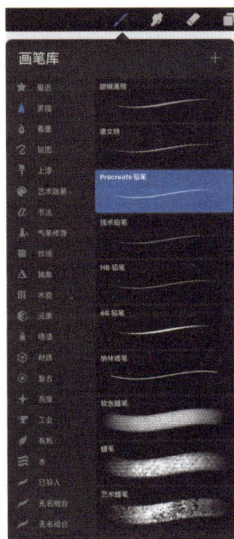

图3-2

面板左侧为画笔组,任意画笔组被选中后,其图标呈蓝色 ![表框] ;面板右侧会显示该组中的画笔,上下拖曳可浏览组中的画笔。

根据画笔预览图,可了解画笔的特征,如尺寸、形状、质感和压感等,如图3-3所示。

点击任意画笔,画笔呈蓝色即表示其处于选定状态,如图3-4所示,再点击画布即可开始创作。

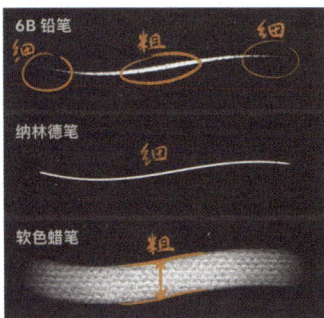

图3-3

图3-4

2. 颜色

Procreate 中有多种调色模式,创作者可以根据自己的喜好选择,同时可以建立自己的调色板。

认识"颜色"面板

新建画布后,右上角"颜色"图标 ![图标] 的颜色即当前选定颜色,点击该图标,弹出"颜色"面板,如图 3-5 所示,其中包括调色界面、色彩历史和系统自带色板。

创建自己的调色板

2.4 节已经基本介绍了"颜色"面板和调色模式,这里主要讲解如何创建自己的调色板和如何吸色,"调色板"面板如图 3-6 所示。

图3-5

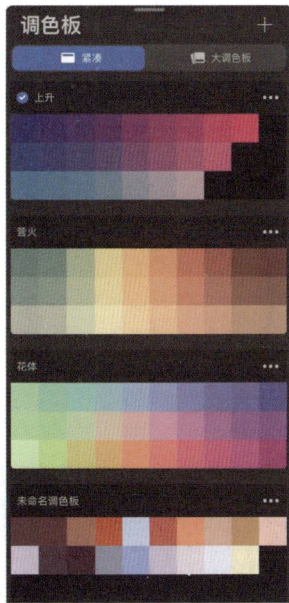

图3-6

点击"调色板"面板右上角的 ![+] 图标,选择"创建新调色板",出现"未命名"空白调色板,如图 3-7 所示。

选定颜色后,点击调色板中的任意空格,当前颜色便会存储在其中。若想将其他调色板中的颜色移动至此,则长按色块将其拖至调色板中即可,如图 3-8 所示。对于不想要的颜色,长按色块可进行删除操作。

图3-7 图3-8

吸色

长按侧边工具栏中两个滑块中间的方框，出现吸色环，将吸色环移动至需要吸色的位置，松开即可吸色，如图3-9所示。快捷操作：单指长按屏幕出现吸色环，将吸色环定位到吸色位置即可。

图3-9

3. 尺寸

屏幕左侧有两个滑块，上方的滑块用于调整画笔尺寸。将滑块向上拖曳，画笔变大，向下拖曳，画笔变小，同时右侧会弹出示意图，如图3-10所示。

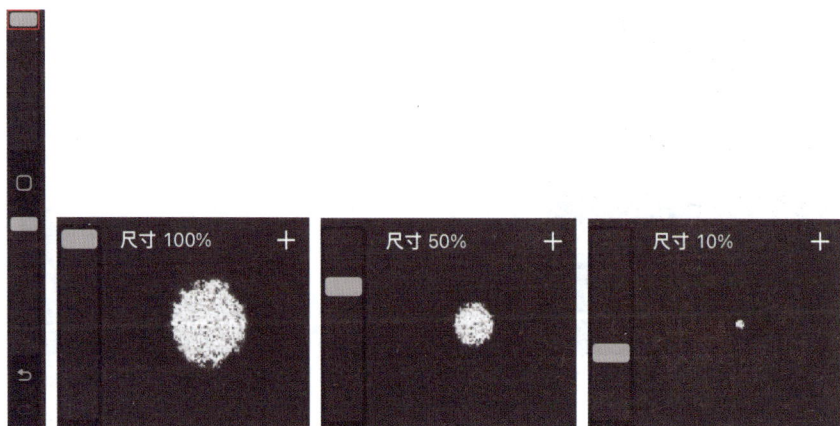

图3-10

4. 不透明度

屏幕左侧的两个滑块中，下方的滑块用于调整画笔的不透明度。将滑块向上拖曳，不透明度变高，向下拖曳，不透明度变低，同时右侧会弹出示意图，如图 3-11 所示。

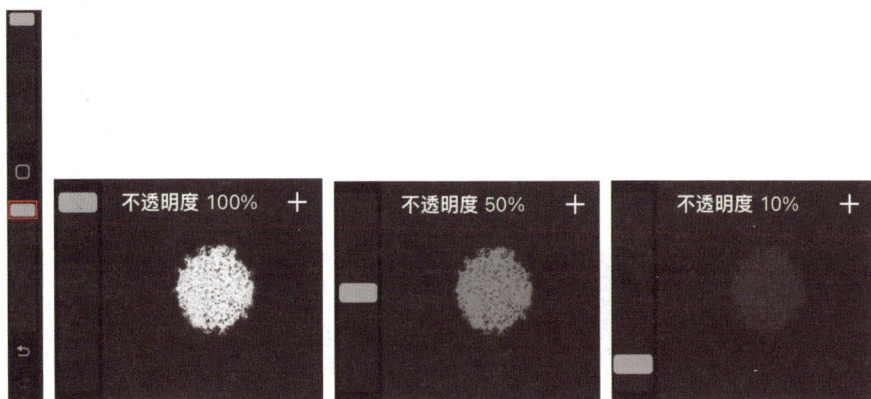

图3-11

3.1.3　如何选择合适的画笔

　　画笔的选择建立在创作者对画笔熟悉的基础上，每个创作者都有自己的习惯。这里通过一个案例来简单介绍作画各阶段使用的一些画笔类型。

案例3-1：清新柠檬

微课视频

　　效果文件位置：效果文件 >CH03> 案例 3-1：清新柠檬。
　　本案例进行柠檬卡通形象的绘制，分为起稿、上色、细节刻画和画面装点等阶段。
　　1．起稿
　　起稿阶段的主要任务是确定画面构图、找准形体关系，通常使用铅笔等较细、较浅的画笔，便于调整。
　　步骤 1：点击右上角的 ＋ 图标，新建正方形画布，如图 3-12 所示。

图3-12

　　步骤 2：点击 "画笔" 图标 ✎ ，选择 "素描 >Procreate 铅笔" 画笔，将尺寸设置为 100%，不透明度设置为 80%，如图 3-13 所示，颜色选择橙黄色。

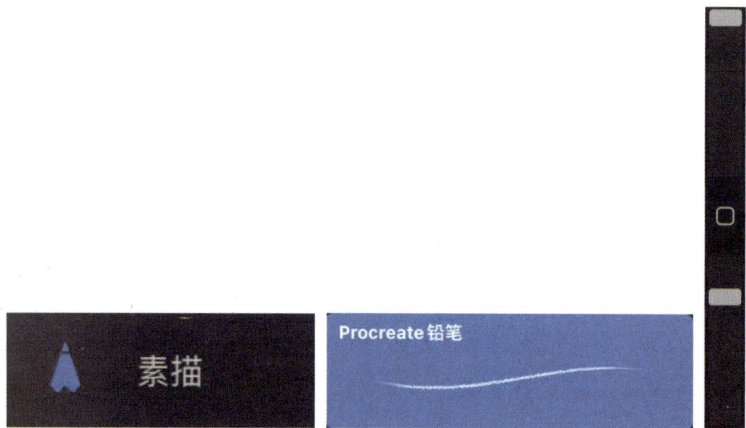

图3-13

步骤3：用画笔勾勒出柠檬的线稿，可分为外形、果皮和果肉进行勾线，如图 3-14 所示。

图3-14

2. 上色

上色阶段最重要的是建立起画面整体的色彩关系，如图 3-15 所示，应选择尺寸较大、色彩浓郁的画笔。

步骤1：在起稿结果的基础上继续作画。点击"图层"图标 ，再点击"图层"面板右上角的 图标，新建"图层2"，如图 3-16 所示。

步骤2：点击"画笔"图标 ，选择"绘图 > 奥伯伦"画笔，将尺寸设置为 5%，不透明度设置为 100%，颜色选择中黄色，填充柠檬皮部分的颜色，如图 3-17 所示。

图3-15

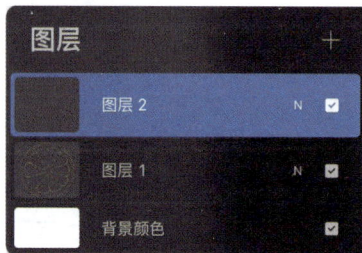

图3-16

图3-17

步骤3：使用同样的画笔和参数，颜色选择白黄色，填充柠檬白瓤部分的颜色，如图 3-18 所示。

步骤4：使用同样的画笔，将尺寸调为 10% 左右，颜色选择柠檬黄色，填充柠檬果肉的颜色，如图 3-19 所示。

图3-18 图3-19

3. 细节刻画

在进行细节刻画的时候，对画笔的精度有一定要求，通常使用尺寸可变化、有压感的画笔。根据刻画对象的不同质感和形态，需要选择不同的画笔进行刻画。

步骤1：在上色结果的基础上继续作画，新建"图层3"，如图 3-20 所示。

步骤2：点击"画笔"图标 ✎，选择"绘图 > 斯提克斯"画笔，将尺寸设置为 3% 左右，不透明度设置为 90%，颜色选择白黄色（可使用"色彩历史"或吸色环来选择）。在柠檬果肉中画出筋络，线条不必过于平滑、连贯，适当的抖动与间断更接近真实状态的柠檬，如图 3-21 所示。

步骤3：使用同样的画笔，将尺寸设置为 10%，不透明度设置为 30% 左右，颜色选择比果肉稍深的橙色 ▮，在果肉中画一些放射状线段，丰富果肉肌理，如图 3-22 所示。

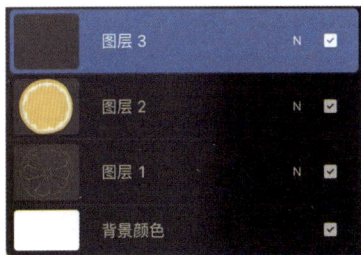  

图3-20 图3-21 图3-22

4. 画面装点

"画笔库"面板中有纹理和光线画笔等画笔，这些画笔自带装饰性纹样，适用于画面装点，如图 3-23 所示。

步骤1：在细节刻画结果的基础上继续作画，新建"图层4"，如图 3-24 所示。

 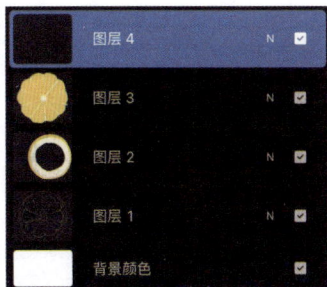

图3-23 图3-24

步骤2：选择"亮度 > 微光"画笔，将尺寸设置为 45% 左右，不透明度设置为 90%，颜色选择白色，在柠檬上点缀一些闪光点，如图 3-25 所示。

步骤3：新建"图层5"，将其置于底层，如图 3-26 所示。

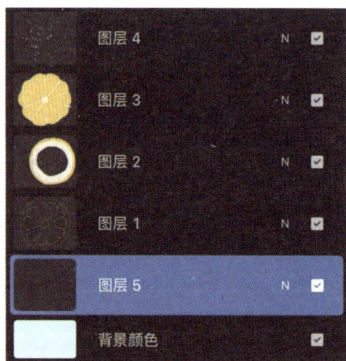

图3-25　　　　　　　　　　　　　　　　图3-26

步骤4：选择"喷漆 > 轻触"画笔，将尺寸设置为100%，不透明度设置为100%，颜色选择柠檬黄色（可使用"色彩历史"或吸色环来选择），在背景上作画，添加果汁喷溅效果，如图3-27所示。

步骤5：点击"背景颜色"图层，将背景颜色调为浅蓝色，如图3-28所示。

图3-27　　　　　　　　　　　　　　　　图3-28

提示

如果需要查看画笔历史记录，则可以点击"画笔"图标，弹出的面板中的置顶画笔组为"最近"，该组内为最近使用的画笔，并会保留上次使用的参数。创作者可以将自己常用的画笔整理为组，具体方法将在3.5.3小节中详细介绍。

3.2 画笔的基本应用

3.2.1 绘图

打开Procreate，点击右上角的＋图标，选择"屏幕尺寸"，新建一张与屏幕大小一致的画布，如图3-29所示。

点击"画笔"图标 ，启动画笔工具，再次点击该图标，弹出"画笔库"面板，选择任意画笔后即可在画布上开始创作，如图3-30所示。

图3-29   图3-30

提示

　　试着调整笔尖的倾斜角度、绘图速度和下笔力度等，不同的用笔方式会画出不同的笔触效果。

3.2.2　压感

　　压感犹如现实绘画中的下笔力道。下笔力道加重，线条变粗、颜色加深；下笔力道减轻，线条变细，颜色变淡。这类画笔适合用于绘制树叶、发丝等有粗细变化的对象。在画笔预览图中，具有压感特征的画笔通常中间粗、两头尖细，如图3-31所示。

　　新建画布后，点击"画笔"图标，启动画笔工具，再次点击该图标，弹出"画笔库"面板，选择任意具有压感特征的画笔，在画布上进行涂鸦，感受不同压感带来的线条粗细和颜色浓淡变化，如图3-32所示。

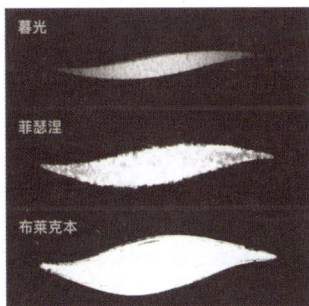

图3-31

图3-32

3.2.3　快速生成线条、形状

　　（1）生成直线段。

　　选择任意画笔（示意图用的是"气笔修饰 > 硬气笔"画笔，其尺寸为5%，不透明度为100%），在画布上画一条线，结束后笔尖在屏幕上停留1～2秒，线条自动变成直线段。移动笔尖，此时线条会随笔尖变化方向和长度，如图3-33所示。笔尖离开屏幕，直线段会留在画布上。

图3-33

（2）生成几何图形。

选择任意画笔，在画布中分别画一个封闭的三角形、四边形和圆，结束后笔尖在屏幕上停留1～2秒，将自动生成边缘平滑的图形，如图3-34所示。移动笔尖，图形的大小、形状将随笔尖变化。

图3-34

Procreate还具备生成标准图形的功能。画出图形后，保持笔尖触碰屏幕的状态，单指点击屏幕，将自动生成正圆、正三角形和正方形，如图3-35所示。在手指不离开屏幕的情况下提笔，标准图形将留在画布中。

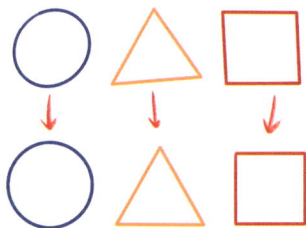

图3-35

3.2.4 色彩快填

色彩快填是指对画面中任意封闭的图形快速填充色彩。需要注意的是，填色时必须选中想填充的封闭图形的图层，所有填色操作仅对当前选中图层内的图形有效。

画出封闭的几何图形，点击"颜色"图标，调整出想填充的色彩，长按右上角的"颜色"图标并拖至需要填充的封闭图形内，即可填充色彩，如图3-36所示。

图3-36

3.3 擦除工具与涂抹工具的应用

3.3.1 擦除工具的应用

擦除工具可类比平时绘画所用的橡皮，可以擦除画布上当前图层内的痕迹。所有适用于画笔工具的画笔选项对擦除工具也同样适用。

1. 擦除工具的使用方法

打开 Procreate，进入"画布"界面后，点击"擦除"图标🖊️，即可启动擦除工具，再次点击该图标，弹出"画笔库"面板，选择需要的画笔，用笔尖或指尖在画布着色位置点击或移动，即可擦除痕迹，如图 3-37 所示。通常，擦除工具的画笔应与当前绘图所用的画笔一致，这样可保持风格统一。

图3-37

2. 擦除工具的可调节参数

擦除工具的可调节参数包括尺寸和不透明度。

（1）尺寸：屏幕左侧有两个滑块，上方的滑块用于调整画笔尺寸。将滑块向上拖曳，画笔尺寸变大，向下拖曳，画笔尺寸变小，同时右侧会弹出示意图，如图 3-38 所示。

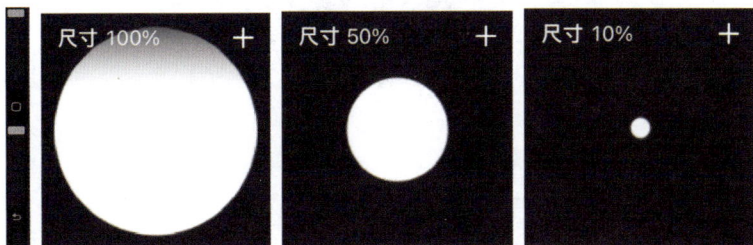

图3-38

（2）不透明度：下方的滑块用于调整画笔的不透明度。将滑块向上拖曳，不透明度变高，向下拖曳，不透明度变低，同时右侧会弹出示意图，如图 3-39 所示。

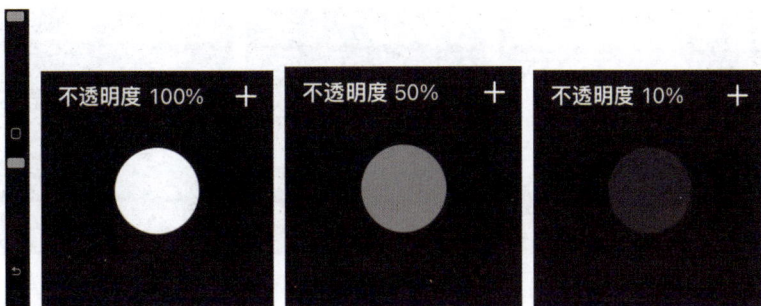

图3-39

3.3.2 涂抹工具的应用

Procreate 中的涂抹工具可类比平时画素描时用来将线条笔触抹匀的手指或卫生纸，具有对当前图层内的对象进行模糊、柔化的功能。涂抹工具在空白画布上不起作用，需与画笔结合使用。所有适用于画笔工具的画笔选项对涂抹工具也同样适用。

1. 涂抹工具的使用方法

打开 Procreate，进入"画布"界面后，点击"涂抹"图标◢，启动涂抹工具，再次点击该图标，弹出"画笔库"面板，选择需要的画笔，用笔尖或指尖在画布着色位置点击或移动，即可进行涂抹。

涂抹工具通常有两种功能：模糊与混合颜色。通过对画笔笔触使用涂抹工具，可以实现笔触的模糊。针对两种及以上的颜色，在颜色交接处使用涂抹工具，可以实现颜色的混合，如图 3-40 所示。

图3-40

2. 涂抹工具的可调节参数

涂抹工具的可调节参数包括尺寸和不透明度。

（1）尺寸：屏幕左侧有两个滑块，上方的滑块用于调整画笔尺寸。将滑块向上拖曳，画笔尺寸变大，向下拖曳，画笔尺寸变小，同时右侧会弹出示意图，如图 3-41 所示。

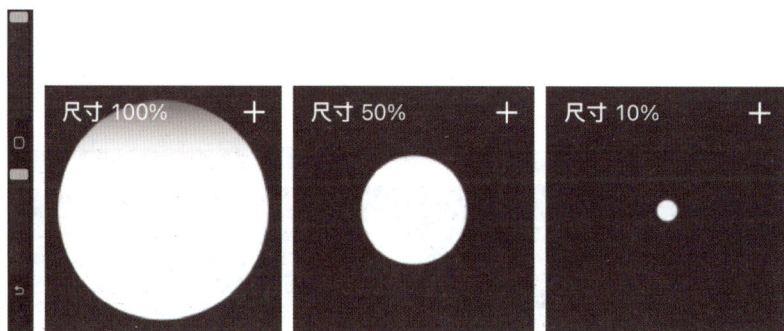

图3-41

（2）不透明度：涂抹工具的不透明度决定其涂抹强度。不透明度高，涂抹强度大，可迅速混合与模糊颜色；不透明度低，涂抹强度则小。下方的滑块用于调整画笔的不透明度。将滑块向上拖曳，涂抹强度变大，向下拖曳，涂抹强度变小，同时右侧会弹出示意图，如图3-42所示。

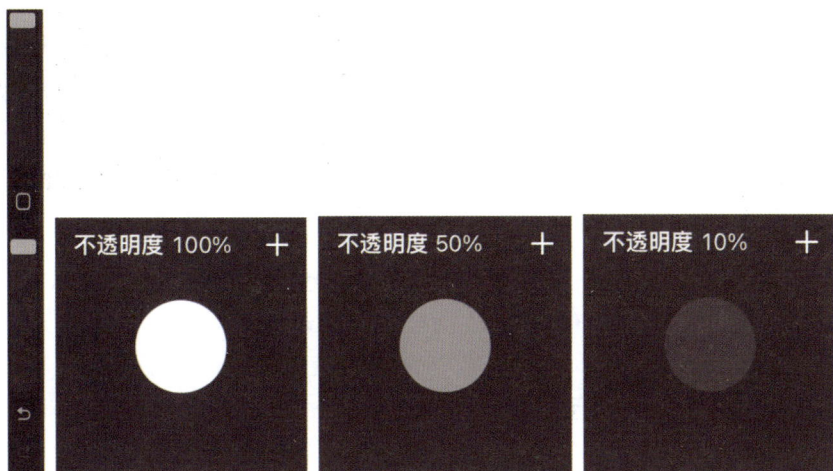

图3-42

> 提示
>
> 在已选定画笔的情况下，长按"涂抹"图标 🖊️，即可将画笔工具的画笔套用至涂抹工具。

3.4 画笔与质感表达

　　Procreate 的"画笔库"面板中有丰富的画笔，这些形状、质地、压感不同的画笔运用得当，可以辅助创作者轻松进行质感表达，实现理想画面效果。

3.4.1 绘画质感画笔

　　绘画质感归纳为素描风、油画风、水墨风和扁平风这4类。在使用 Procreate 绘画时，用笔方法是随着画笔改变的，这一点与在纸面绘画相通。

　　下面的案例将介绍由整体到局部的绘画方法和近实远虚的绘画技巧。

案例3-2：山脉

　　效果文件位置：效果文件 >CH03> 案例 3-2：山脉。

　　本案例用不同的画笔绘制山脉，以表现不同画笔的质感效果。

微课视频

1. 扁平风

　　绘制扁平风山脉的要点在于使用画笔画出山脉被植被覆盖的特点，表现出前、中、后3层山脉的层次感，以及对形进行归纳表达，如图3-43所示。

　　步骤1：打开 Procreate，新建一张正方形画布，背景颜色调为天蓝色，导入相应素材，该素材单独处于一个图层。新建"图层2"，使其处于素材图层之上，如图3-44所示。

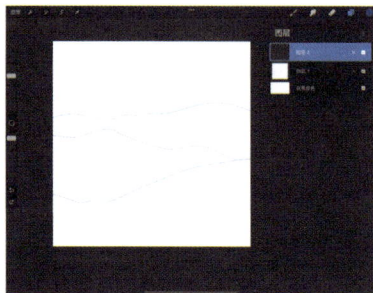

图3-43 图3-44

步骤2：点击"画笔"图标，选择"有机>芦苇"画笔，将画笔尺寸调整为100%，不透明度设置为100%，颜色选择浅蓝色，在"图层2"中勾勒并填充最远的山脉，如图3-45所示。

步骤3：画笔设置不变，新建"图层3"，颜色选择蓝色，画出中景山脉。新建"图层4"，用深蓝色画出前景山脉，如图3-46所示。

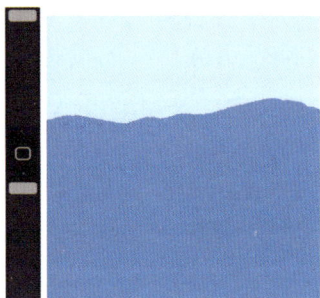

图3-45 图3-46

步骤4：选择"气笔修饰>软混色"画笔，将尺寸设置为15%，不透明度设置为20%左右，颜色选择淡绿色，如图3-47所示。分别在"图层2""图层3""图层4"中的山脉区域下方着色，制作出山中薄雾的效果。注意，远景山脉区域添加的淡绿色最多，往前依次递减，如图3-48所示。

图3-47 图3-48

2. 水墨风

绘制水墨风山脉需要用画笔展现出水墨晕染的效果，如图3-49所示。

步骤1：打开Procreate，新建一张正方形画布，导入相应的素材，如图3-50所示，该素材单独处于一个图层。新建"图层2"，使其处于素材图层之上。

Procreate数字绘画实战教程（全彩微课版）

图3-49 图3-50

步骤2：点击"画笔"图标 ✎ ，在"画笔库"面板中选择"书法 > 斑点"画笔，尺寸调整为最大，不透明度调整为50%左右，颜色选择青灰色，在"图层2"中依照素材为前景山脉铺色，如图3-51所示。

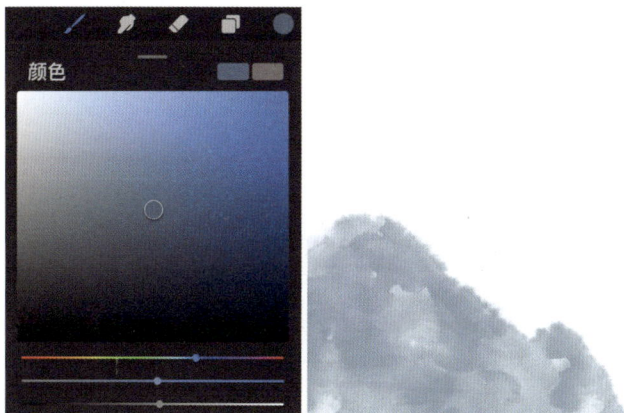

图3-51

步骤3：在同一图层中，将色相滑块向右拉，使颜色偏蓝，将不透明度设置为30%，用同样的方法为中景山脉铺色。中景山脉铺色完毕之后，画笔不变，将不透明度设置为15%，为远景山脉铺色，如图3-52所示。

步骤4：新建"图层3"，颜色选择朱砂色，如图3-53所示，将不透明度调整至20%，通过少量多次地铺色，适当在山脉中添加朱砂色，丰富画面色彩。

图3-52 图3-53

步骤5：新建"图层4"，选择"绘图 > 菲瑟涅"画笔，将画笔颜色调整为中后景山脉的蓝灰色，将尺寸设置为4%，不透明度设置为35%。在"图层4"内使用点画法添加前景山顶上的植被，中景和后景山脉也可适当添加植被，但不能比前景抢眼，如图3-54所示。

图3-54

3. 油画风

绘制油画风山脉可以结合扁平风山脉与水墨风山脉的绘制方法，注意山脉近景、中景、远景 3 个层次的颜色偏向与明暗区分。油画类画笔的使用方法与其他画笔不同，因为用这类画笔上色会有较明显的笔触痕迹，边缘通常呈现出帆布的粗糙感，所以不需要追求平滑，如图 3-55 所示。

微课视频

图3-55

步骤 1：打开 Procreate，新建一张正方形画布，导入相应的素材，该素材单独处于一个图层，如图 3-56 所示。新建"图层 2"，使其处于素材图层之上。

步骤 2：点击"画笔"图标 ✏，在弹出的"画笔库"面板中选择"有机 > 细枝"画笔，将尺寸调整为最大，颜色选择灰蓝色，将不透明度设置为 100%。在"图层 2"中依照素材为 3 层山脉铺色，前景颜色偏深偏紫，而中景、后景颜色偏浅偏蓝，注意边缘保留一些笔触感，如图 3-57 所示。

图3-56

图3-57

步骤 3：新建"图层 3"，使用同样的画笔，颜色选择黄绿色，将尺寸设置为 50%，将不透明度调为 100%，勾勒出前景山脉的受光面。将不透明度调为 50%，勾勒出中景山脉和远景山脉的受光面。注意，前景山脉的受光面始终最亮和最清晰，如图 3-58 所示。

步骤 4：选择"图层 2"，切换为"上漆 > 松脂"画笔，选择比前景深一些的蓝紫色，将尺寸设置为 15%，不透明度设置为 60%，在前景山脉的背光面沿山脉形状添加一些笔触，营造出表面的起伏感，中景山脉和远景山脉同样可用此方法适当丰富，如图 3-59 所示。

图3-58

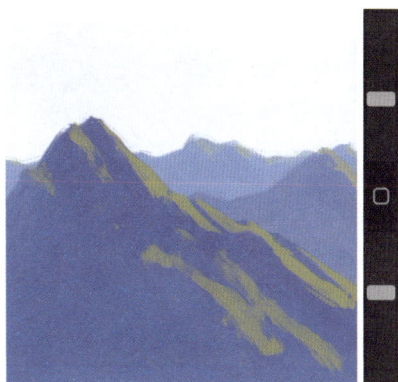

图3-59

步骤 5：新建"图层 4"，将其移至底层，选择"松脂"画笔，颜色选择天蓝色，将尺寸设置为 30%，不透明度设置为 30%，适当加深背景天空上半部分，体现天空的空间感，如图 3-60 所示。

图3-60

3.4.2 自然风景质感画笔

"艺术效果""纹理""元素""材质"等画笔组中有很多模拟自然界材质的画笔，可用于绘制木纹、水纹、云烟和雨雪等。下面通过画一张自然风景画来帮助读者熟悉和掌握相关画笔。

案例3-3：春日田园

素材文件位置：素材文件 >CH03> 案例 3-3：春日田园。
效果文件位置：效果文件 >CH03> 案例 3-3：春日田园。

微课视频

本案例通过绘制春日田园，讲解如何模仿自然界物体的纹理进行作画，分为天空与云、山脉与田野和植物 3 部分。

1. 天空与云

这一部分主要训练读者日常的观察、总结能力和作画时的体积意识。观察图 3-61，可以发现即便是一望无际的天空，也有色彩的深浅变化；即便是云朵这样缥缈的事物，也需要通过营造体积感（受光与背光）来描绘。

图3-61

步骤1：打开 Procreate，新建一张尺寸为 A4 的画布，将背景颜色调整为天蓝色，如图 3-62 所示。

步骤2：新建"图层1"，选择"气笔修饰＞软画笔"，将尺寸设置为 50% 左右，颜色调整为稍深的蓝色，少量多次上色，加深天空的上半部分，营造渐变效果，如图 3-63 所示。

图3-62

图3-63

步骤3：新建"图层2"，选择"元素＞云"画笔，将颜色调整为浅灰色，尺寸在 10% ~ 30% 自主调整，在画布上半部分涂抹出大块云朵。画云朵时可以使用编组法，3 朵大云在上方，几朵小云在下方，如图 3-64 所示。

步骤4：新建"图层3"，仍使用"云"画笔，颜色选择白色，尺寸仍自主调整，在原有云朵的基础上提亮云朵的受光部分，营造云朵的体积感，如图 3-65 所示。

图3-64

图3-65

2. 山脉与田野

绘制山脉和田野时，结合 3.4.1 小节中的案例的方法进行绘制，如图 3-66 所示。

步骤 1：在上一部分绘制的天空的基础上新建图层，点击"操作 > 画布 > 参考"，导入相应的素材，作为本案例的临摹对象。先用"铅笔"画笔大致勾勒出画面结构，如图 3-67 所示。

图3-66

图3-67

步骤 2：新建一个图层，参考 3.4.1 小节中扁平风山脉的绘制方法完成山脉的绘制，如图 3-68 所示。

步骤 3：新建一个图层，选择"有机 > 杏仁香桉"画笔，将尺寸设置为 10%，不透明度设置为 100%，颜色选择草绿色，铺出前方田野色块，再使用深绿色加深前方田野，表现出田野前后颜色的变化。将画笔尺寸调小至 5%，颜色选择棕绿色，将不透明度设置为 30%，在田野上勾出几道田垄，如图 3-69 所示。

步骤 4：切换至"水 > 水笔轻触"画笔，颜色选择橙黄色，尺寸在 5% ~ 15% 自主调整，将不透明度设置为 60%，在田野上画出油菜花。注意花朵的近大远小、近疏远密的关系，如图 3-70 所示。

图3-68

图3-69

图3-70

3. 植物

本部分画出前景植物和远景植物，如图 3-71 所示。

步骤 1：新建一个图层，将其置于田野图层下，选择"绘画 > 演化"画笔，将尺寸设置为 15% 左右，不透明度设置为 100%，用墨绿色直接画出一排树林，留出不规则的边缘会更像树林，如图 3-72 所示。

步骤 2：将画笔尺寸调小，选择稍亮的黄绿色，在墨绿色的基础上提亮树冠的受光面，表现出树冠的体积感，如图 3-73 所示。

步骤 3：新建一个图层并置于最上方，选择"有机 > 汉麻"画笔，颜色选择橙黄色，将不透明度设置为 100%，自主调整画笔尺寸，在田野前方勾勒出麦穗。方法是先勾出麦秆的走势，然后在麦秆左侧点出麦穗，注意麦秆和麦穗都要有高低错落感，如图 3-74 所示。

图3-71

图3-72

图3-73

图3-74

3.4.3 工业制品质感画笔

在描绘工业制品时，尤其需要观察、归纳材质自身的特点。例如，光滑金属的反光往往比其他材质强，高光形状也更明确。只有把握了材质的明暗关系和特征，使用质感画笔时才能发挥其作用。

案例3-4：不同质感的球体

效果文件位置：效果文件 >CH03> 案例 3-4：不同质感的球体

本案例通过绘制金属、石膏和玻璃质感的球体，介绍不同材质的反光效果，以及如何更好、更逼真地展现材质的特性。

1. 金属——光滑不透明材质

光滑不透明材质的特点是受光面与背光面色差明显，高光和反光强烈，如图 3-75
所示。

步骤1：打开 Procreate，新建一张 A4 尺寸的画布后，导入素材"材质球"，

微课视频

如图 3-76 所示，形成"图层 1"，点击该图层，在左侧弹出的编辑选项中点击"阿尔法锁定"。

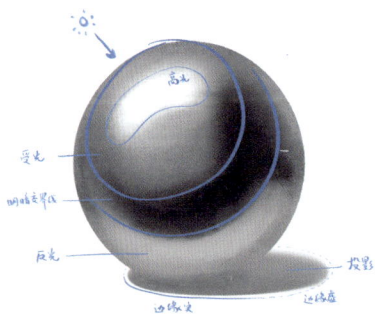

图3-75

图3-76

步骤2：体积感塑造。选择"绘图＞鹰格霍"画笔，尺寸自主调整，颜色选择深灰色，比当前球体颜色深，设置不透明度为100%，沿球边缘画出背光面。选择浅灰色，提亮受光面和反光部分。选择黑色，加深明暗交界线。用白色提亮高光部分，如图3-77所示。

图3-77

步骤3：柔和笔触。点击"涂抹"图标，选择"气笔修饰＞中等硬混色"画笔，将尺寸设置为5%，不透明度设置为70%，涂抹球体，使其明暗变化柔和，如图3-78所示。

步骤4：绘制投影部分。新建图层并置于球体图层下，选择"气笔修饰＞中等硬气笔"画笔，用与球体暗部相近的灰色画出投影形状。注意，投影离球体近的位置颜色深、边缘清晰，离球体远的位置颜色淡、边缘模糊，利用涂抹工具表现出投影的变化，如图3-79所示。

图3-78

图3-79

2．石膏——不光滑不透明材质

不光滑不透明材质的受光面和背光面比较柔和，高光和反光也相对微弱，如图3-80所示。

步骤1：打开Procreate，新建一张A4尺寸的画布，将背景颜色调为灰绿色，导入素材"材质球"，如图3-81所示，形成"图层1"，点击该图层，在左侧弹出的编辑选项中点击"阿尔法锁定"。

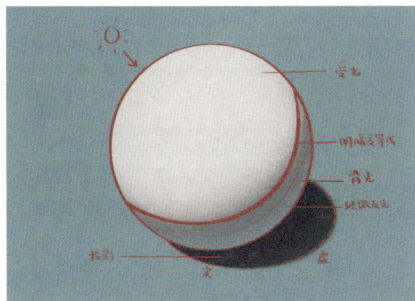

图3-80

图3-81

微课视频

步骤2：选择"上漆＞灰泥"画笔，尺寸自主调整，设置不透明度为100%，用深灰色画出球体的背光面，使用涂抹工具混合明暗交界处的颜色。再选择背景颜色，将不透明度设置为40%，画出反光，使用涂抹工具混合明暗交界处的颜色，体积感基本塑造完成，如图3-82所示。

图3-82

步骤 3：新建一个图层，切换至"素描 > 油画棒"画笔，颜色选择比暗部更深的灰色，设置不透明度为 10% 左右，在明暗交界线周围覆盖纹理并加深交界线，受光面可选择更浅的灰色，适当地添加纹理，如图 3-83 所示。

步骤 4：使用深绿灰色画出投影，方法与要点同金属球投影的绘制，如图 3-84 所示。

图3-83

图3-84

3. 玻璃——光滑透明材质

透明材质的光影关系和不透明材质不同，透明材质的固有色由背景颜色决定，透明材质反光强，透光性强。在透明材质的刻画中，边缘线的处理是重中之重，需要更多的观察与耐心刻画。在练习过程中，可以随时自主调整画笔尺寸与不透明度，并结合涂抹工具实现理想效果，如图 3-85 所示。

步骤 1：打开 Procreate，新建一张 A4 尺寸的画布后，导入素材"材质球"，并对该图层进行"阿尔法锁定"，将画布背景颜色调为比球体稍浅的灰色，如图 3-86 所示。

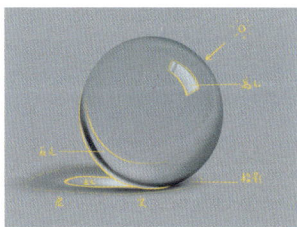

图3-85

图3-86

步骤 2：选择"气笔修饰 > 软画笔"，颜色选择比当前球体更深的灰绿色，设置不透明度为 70%，画出球体的边缘线。注意边缘线的轻重变化，上下重、两侧轻，不要过于平均，如图 3-87 所示。

步骤 3：加深颜色，继续深入刻画边缘线，主要加深右上及右下部分，如图 3-88 所示。

步骤 4：使用同样的画笔，颜色选择白色，设置不透明度为 30%，在左下部分画出玻璃球的反光，如图 3-89 所示。

图3-87

图3-88

图3-89

步骤 5：选择"硬气笔"画笔，用深灰绿色在左下方勾出球体的重色，以及受光面的反光颜色变化，可参考图 3-90 中的红色标注。

步骤 6：新建一个图层，颜色选择白色，用"硬气笔"画笔画出窗户形状的高光。注意，高光同样有虚实变化，靠近光源的边缘线清晰，远离光源的边缘线模糊，如图 3-91 所示。

步骤 7：新建一个图层并置于底层，结合使用"软气笔"和"硬气笔"画笔画出投影。投影边缘的虚实可参考前两个材质球，注意投影中间部分因玻璃球的透光和聚光特性呈亮色，边缘则是重色，如图 3-92 所示。

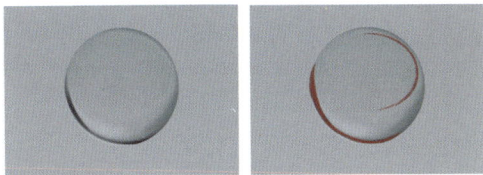

| 图3-90 | 图3-91 | 图3-92 |

3.4.4 画面装点与丰富

1. 制作光影

"画笔库"面板中的"亮度"画笔组里有"闪光""散景光""微光""星云"等画笔，如图 3-93 所示，可用于装饰和丰富画面。"闪光"画笔的光线感强烈，可以用来聚焦画面视线；"散景光"画笔通常用于绘制室外日光强烈的画面；"微光"画笔用于制作星星点点的效果，如画星空或装饰闪闪发光的对象；"星云"画笔可用于描绘宇宙。

这些画笔的使用并没有固定方法，每位创作者都可以通过练习尝试、探索独特的运用方法。

2. 纹样装饰

"画笔库"面板中的"纹理""抽象"等画笔组中有很多具有装饰感的画笔，如"网格""对角线"等，这些画笔的纹样可以直接贴在画面中，丰富纹样质感，如图 3-94 所示。

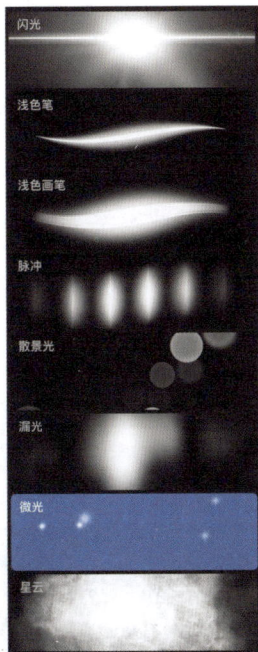
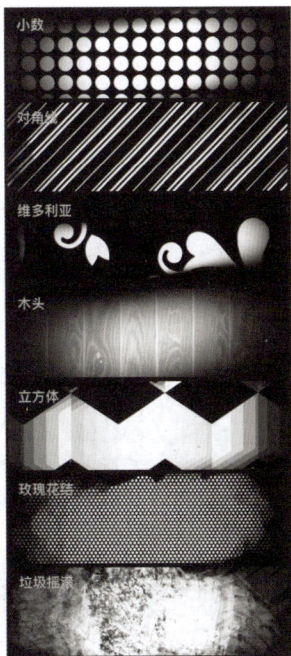

| 图3-93 | 图3-94 |

3. 文字装饰

"画笔库"面板中很多具有显著压感变化的画笔，它们都非常适合用于书写文字，并且可以轻松地表现奇特的质感。例如，"书法"画笔组中的"奥德翁"画笔，书写时，线条的粗细与角度会随行笔方向变化，同时线条自带三维质感，具有很强的装饰作用，如图 3-95 所示。

图3-95

3.5 画笔库操作

Procreate 自带质地、形状丰富的画笔，同时允许创作者对画笔进行个性化编辑，很多创作者会设计自己的画笔并进行分享。本节将讲解如何使用画笔库，以及如何编辑独一无二的画笔。

3.5.1 画笔的新建、复制、删除、分享与导入

1. 新建画笔

点击"画笔"图标 ✎ ，在弹出的"画笔库"面板中点击右上角的 ➕ 图标，进入"画笔工作室"面板。"画笔工作室"面板左侧的一系列选项用于调整画笔的设计，右侧的"绘图板"用于测试当前画笔效果，如图 3-96 所示。"画笔工作室"面板中各选项的具体操作将在 3.5.2 小节详细介绍。

完成画笔的设计后，点击右上角的"完成"，即可生成画笔。生成的画笔会在"画笔库"面板顶端以"无名画笔"为名出现，如图 3-97 所示。

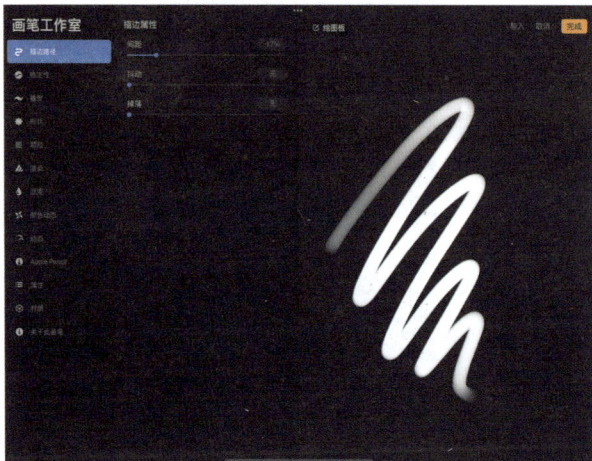

图3-96

图3-97

2. 复制画笔

点击"画笔"图标 ✎ ，在弹出的"画笔库"面板中找到需要复制的画笔，此处以"小松木"画笔为例，用指尖或笔尖向左滑动，出现"分享""复制"选项，如图 3-98 所示，点击"复制"即可。

复制的画笔通常以"原画笔名称＋编号"为名出现在原画笔上方，如"小松木 1"，如图 3-99 所示。

图3-98

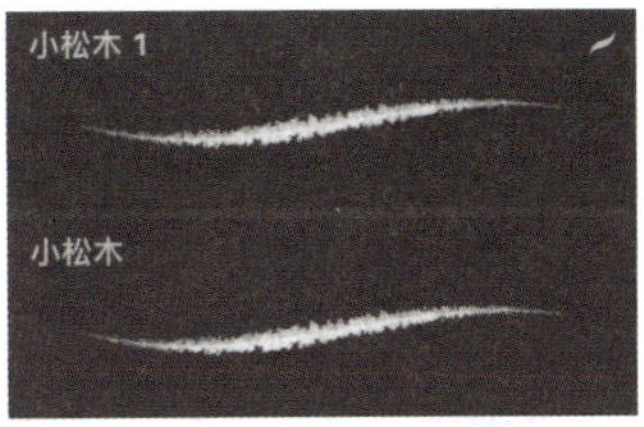

图3-99

3. 删除画笔

Procreate 自带的画笔不能删除，复制、新建和分享的画笔则可以删除。

点击"画笔"图标 ✎，在弹出的"画笔库"面板中找到需要删除的画笔，向左滑动，出现"分享""复制""删除"选项，点击"删除"即可，如图 3-100 所示。

4. 分享与导入画笔

分享：点击"画笔"图标 ✎，在弹出的"画笔库"面板中找到需要分享的画笔，向左滑动，出现"分享""复制"选项，如图 3-101 所示，点击"分享"，弹出 iPad 分享途径，选择合适的途径即可。

图3-100

图3-101

导入：他人分享的画笔会以"名字 .brush"文件的形式存在，在 iPad 上点击画笔文件，选择"用其他应用打开 >Procreate"即可。打开 Procreate，在"画笔库"面板的顶端可找到导入的画笔。

3.5.2 编辑画笔

点击任意画笔，进入"画笔工作室"面板。该面板具有强大的画笔设计功能，左侧有多种画笔属性可调节，右侧的"绘图板"可以实时显示当前设计的画笔效果，如图 3-102 所示。

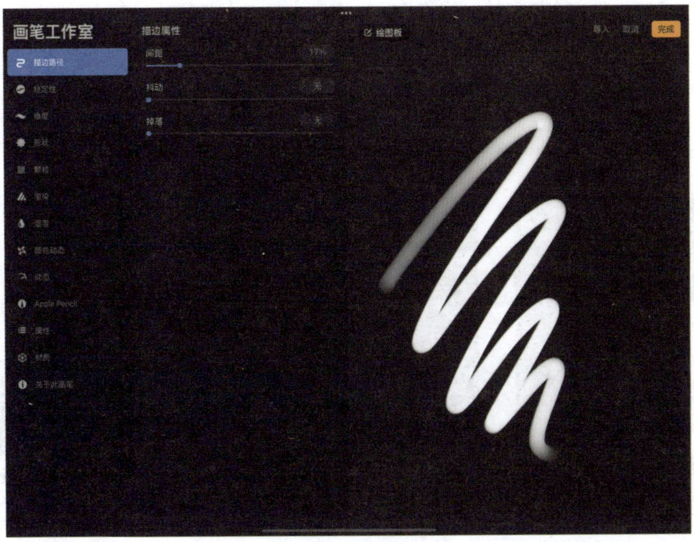

图3-102

1. 调整尺寸

在有些情况下，画笔的原有尺寸不能满足创作者的作画需求，例如，最大尺寸仍不够大。遇到此类问题时，可以在"属性"中调节画笔的尺寸范围。将"最大尺寸"滑块向右拖曳，可扩大画笔的最大尺寸；将"最小尺寸"滑块向左拖曳，可缩小画笔的最小尺寸。

例如，"素描 >Procreate 铅笔"画笔是一个小画笔，将其"最大尺寸"滑块向右拖曳后即可扩展其最大尺寸，如图 3-103 所示。

图3-103

2. 调整画笔形状

选择画笔，在画布上点击，即可观察该画笔的形状。画笔形状决定了该画笔画出的线条的特征。形状规则的画笔画出的是平滑的线条，如"气笔修饰 > 硬气笔"画笔；形状不规则的画笔画出的是边缘粗糙的线条，如"绘图 > 小松木"画笔，如图 3-104 所示。

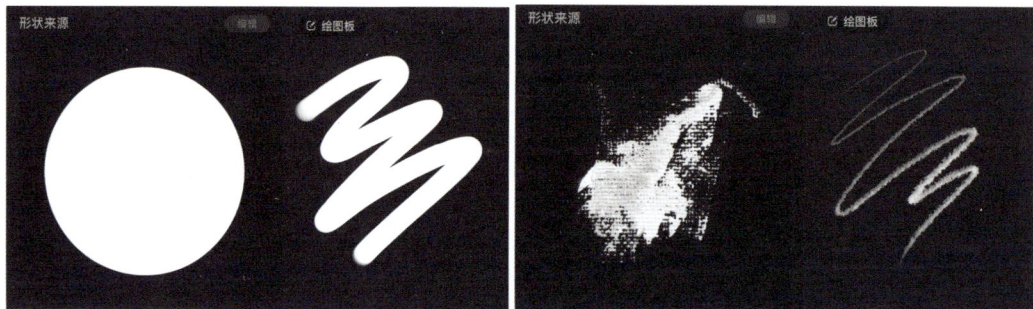

图3-104

"形状来源"中显示的是当前画笔形状，点击右上角的"编辑"，可以从照片或文件导入新形状，或从"源库"中选择软件自带的形状。选择好后，点击"完成"即可，如图 3-105 所示。

"形状行为"中的参数可用于调整画笔形状在线条中的分布，并对画笔结果造成较细微的影响；"形状过滤"则可以对画笔的边缘锯齿进行柔化处理，如图 3-106 所示。

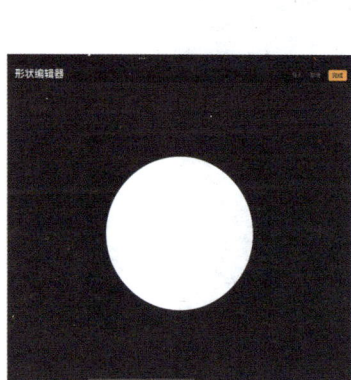

图3-105

图3-106

3. 调整质感

画笔质感通过"颗粒"进行调整，点击"颗粒来源"右侧的"编辑"，进入"颗粒编辑器"，可以选择导入颗粒图像来创建画笔的质感，如图3-107所示。

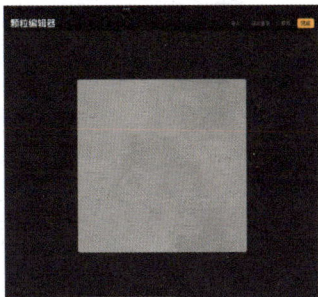

图3-107

下面通过一个水印制作练习来讲解"颗粒"的作用。

步骤1：新建一张正方形画布，打开"图层"面板，点击"背景颜色"图层右侧的☑图标，使背景透明，如图3-108所示。

图3-108

步骤2：点击"画笔"图标✏️，选择"书法>单线"画笔，将尺寸设置为1%，不透明度设置为100%，颜色选择白色，然后在正方形画布上画两条对角线（需运用3.2节介绍的直线段生成技巧），如图3-109所示。

步骤3：使用擦除工具擦去对角线相交部分，用画笔工具在擦去的位置写上你的名字，如图3-110所示。

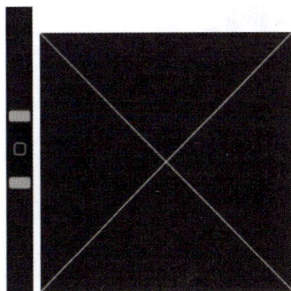

图3-109

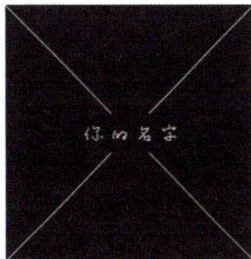

图3-110

步骤4：点击"操作"图标🖌️，点击"分享>分享图像>PNG"，在弹出的面板中点击"存储图像"，如图3-111所示，可将该图像存储到本地相册中。

图3-111

步骤5：点击"画笔"图标✏️，复制"纹理>网格"画笔，"画笔库"面板中会出现"网格1"画笔，如图3-112所示。

步骤6：点击该画笔进入"画笔工作室"面板，点击"颗粒"，再点击"颗粒来源"右侧的"编辑"，再点击"导入＞导入照片"，选择刚才存储的图像，点击"完成"。此时"颗粒来源"如图3-113所示，在"绘图板"上测试，即可显示名字水印画笔的效果。

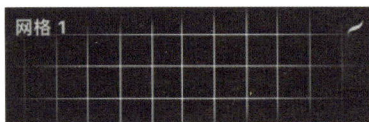
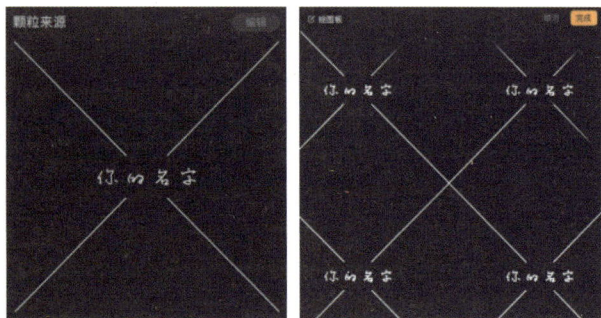

图3-112　　　　　　　　　　　　　　　　　　　　图3-113

"颗粒行为"有"动态"和"纹理化"两种模式，如图3-114所示。在"动态"模式下，笔触内部的纹理会被模糊，质感弱；在"纹理化"模式下，笔触内部的质感较明显。"纹理化"模式中的"比例"用于调整颗粒的显示尺寸，"深度"用于调整颗粒的显示强度，"混合模式"用于控制颗粒纹理如何与画笔基底颜色混合，可以通过之后对图层混合模式的学习来进一步理解。

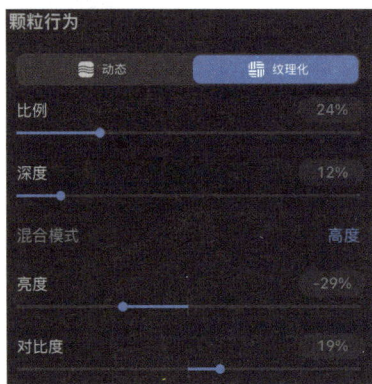

图3-114

4.调整线条平滑程度

线条的平滑程度主要依靠"稳定性"调整，增大"稳定性"中的任意参数，都可提升线条的平滑、顺畅程度，但数值过大也会导致线条死板、僵硬。图3-115所示就是同一线条在不同参数下的效果。

图3-115

此外，在"描边属性"中将"抖动"数值调至 0，可保持线条边缘平滑；若将"抖动"数值调大，则会让线条出现凹凸变化，如图 3-116 所示。

图3-116

步骤 1：点击"画笔"图标✏，选择"复古 > 花之力量"画笔，在"形状来源"中可以看到这是一个由花朵图案构成的画笔，如图 3-117 所示。

图3-117

步骤 2：在"描边属性"中将"间距"值调为 0，将"抖动"值调小，花朵会向线条中心收拢；将"抖动"值调大，花朵会错落地向外扩散，线条形状被打破，如图 3-118 所示。

图3-118

5. 调整压感

画笔的压感主要通过"锥度"中的参数进行调整。其中，"压力锥度"针对 Apple Pencil 绘图，"触摸锥度"针对指尖绘图，如图 3-119 所示。

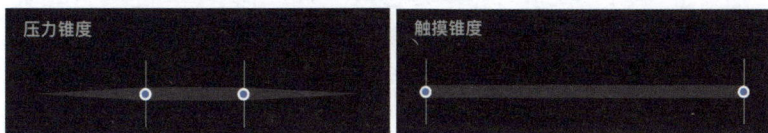

图3-119

以"压力锥度"为例，将"压力锥度"两端的滑块往中间拖曳，可调节锥的长度。"尺寸"用于调节线条两端的粗细，尺寸越大，两端越细。"不透明度"决定线条两端的不透明度。"尖端"用于调整线条两端的尖锐程度，值越小越尖锐，值越大越钝。图 3-120 是对同一线条调整"尺寸"参数前后的效果对比图。

图3-120

6. 调整颜色

画笔的颜色在"颜色动态"中进行调整。虽然"图章颜色抖动"与"描边颜色抖动"中的参数相同，但对画笔的调节作用不同。

线条由一个个紧密排列的点组成，"图章颜色抖动"的调节针对这些点，而"描边颜色抖动"针对一整条线。将"描边属性 > 间距"的值调大，可以辅助理解"点"与"线"的关系，如图 3-121 所示。

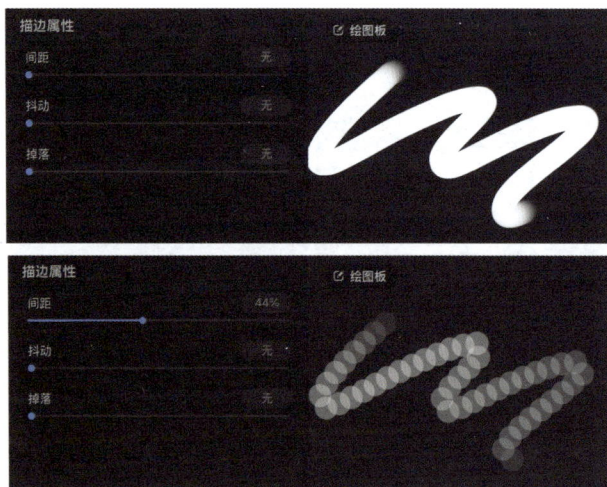

图3-121

将"图章颜色抖动"中的"饱和度"值调大，线条中点的饱和度会跨越较大范围，形成反差；将"色相"值调大，点的色相会跨越较大范围，形成五彩斑斓的效果；将"暗度"值调大，这些点中偏暗的点会更暗，而偏亮的点仍然较亮，如图 3-122 所示。

将"描边颜色抖动"中的"饱和度"值调大，线条整体会更加饱和；将"色相"值调大，所有点的色相会往一种颜色靠近；将"暗度"值调大，线条整体变暗，如图 3-123 所示。

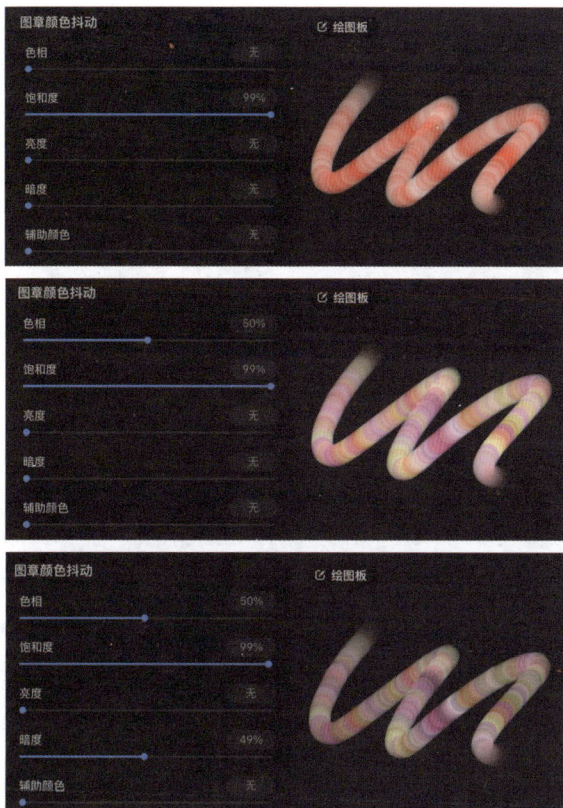

图3-122

图3-123

如果想让画笔的颜色自动丰富，只需将"图章颜色抖动"中的参数适当调大即可。

此外，"颜色压力"和"颜色倾斜"分别用于调节下笔压力及笔头倾斜角度对颜色的影响，将其中的参数调大，可以进一步丰富画笔的颜色，如图3-124所示。

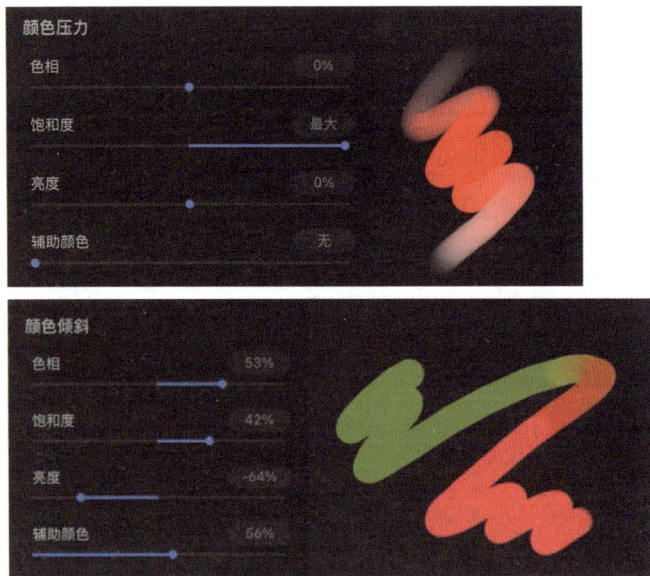

图3-124

3.5.3 整理画笔组

1. 自定义画笔组

在有一定的画笔使用习惯和常用画笔后，可以新建画笔组对常用画笔进行整理。需要注意，如果想将 Procreate 自带的画笔组合，则必须先对画笔进行复制。

点击"画笔"图标，打开"画笔库"面板，找到想组合的画笔并复制，此处以"着墨 > 听盒"画笔为例，复制出"听盒1"画笔，如图 3-125 所示。

点击"画笔库"面板左侧顶端的 ＋ 图标，左侧画笔组栏中会出现"无名组合"，可为组合重命名。

找到刚才复制的画笔，长按后将其拖至"无名组合"画笔组中，如图 3-126 所示，此时"无名组合"画笔组颜色加深，表示选中，松开手指，该画笔即被移动至"无名组合"画笔组中。

点击"无名组合"画笔组，左侧会弹出"重命名""删除""分享""复制"选项，可根据需要进行操作，如图 3-127 所示。

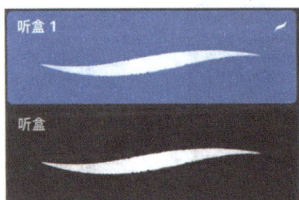

图3-125

图3-126

图3-127

2. 最近画笔

"画笔库"面板的画笔组最上方有一个名为"最近"的画笔组，其中存放的是近期使用的画笔，最多收入 8 支最近使用的画笔。

3. 置顶画笔

在"最近"画笔组中选中画笔并左滑，点击右侧出现的"置顶"，即可将该画笔置顶。置顶的画笔右上角会出现星标。若想取消置顶，则选中画笔并左滑，点击"取消置顶"即可，如图 3-128 所示。

图3-128

3.6 本章小结

画笔是 Procreate 最重要的工具，也是创作者上手数字绘画最关键且最具难度的学习内容。通过对画笔的颜色、尺寸和不透明度等参数进行调节并与擦除、涂抹等工具结合使用，Procreate 将成为创作者随时随地、随心所欲绘画的最佳工具。Procreate 的"画笔库"面板有 200 多种画笔，创作者只有在不断尝试、积累后才能熟悉并合理运用这些画笔。

3.7 课堂练习：林深处

微课视频

本节通过一个案例将前面介绍的画笔知识进行汇总，案例效果如图 3-129 所示。

图3-129

步骤 1：打开 Procreate，点击右上角的 ➕ 图标，点击"新建画布"面板右上角的 ▥ 图标，新建一张高度为 800px，宽度为 1000px 的画布，如图 3-130 所示。

步骤 2：点击"图层"图标 ▣，在弹出的"图层"面板中点击最下方的"背景颜色"，背景颜色选择深紫色，如图 3-131 所示。

宽度	1000 px
高度	800 px
DPI	300
最大图层数	400

图3-130

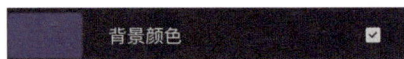

图3-131

步骤3：点击"图层"面板右上角的 ➕ 图标，新建"图层2"。点击"画笔"图标 ✏️ ，选择"着墨＞听盒"画笔，将尺寸设置为100%，不透明度设置为100%，将颜色调成比背景稍浅的紫色。

步骤4：在"图层2"的中心勾勒一个椭圆，长按右上角的"颜色"图标 🔘 并拖至外圈形状内，完成色彩快填，如图3-132所示。

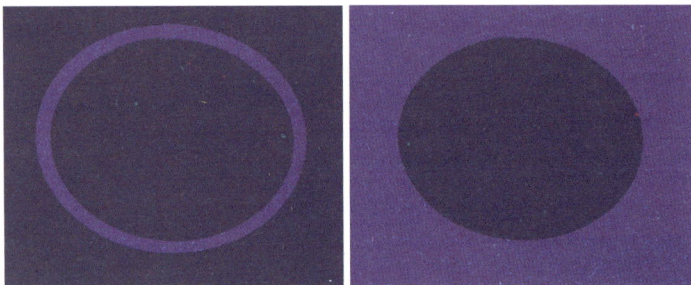

图3-132

步骤5：利用"听盒"画笔的压感特点，在椭圆的边缘随意画一些树叶的形状，如图3-133所示。

步骤6：新建"图层3"，使用同样的画笔，颜色选择紫红色，沿画布边缘勾勒一圈并进行色彩快填。用与上一步同样的方法画出一些树叶的形状，使用擦除工具进行形状调整，使之与"图层2"中的深紫色树叶形成前后掩映的关系，如图3-134所示。

图3-133

图3-134

步骤7：新建"图层4"，使用同样的画笔，颜色选择粉橘色，将尺寸调为80%，在边缘勾勒出一些植被的形状，可自主使用快速生成形状、色彩快填等技巧，并结合擦除工具进行形状调整，如图3-135所示。

步骤8：新建"图层5"并置于"图层2"上层，选择"气笔修饰＞硬气笔"画笔，将尺寸设置为20%，不透明度设置为100%，用黄色画一只小兔子（或任何想画的小动物，也可以写文字），作为画面的中心图案，如图3-136所示。

图3-135

图3-136

3.8 课后练习

微课视频

自主应用本章所学知识，临摹完成山中落日作品，效果如图 3-137 所示。

图3-137

4

第 4 章

图层

本章将系统讲解图层，包括图层的概念、基本操作，以及图层变换、混合模式和应用案例等，帮助读者学会并掌握图层。

本章学习目标如下。

（1）认识、了解图层的概念和功能。

（2）熟悉并掌握图层的基本操作。

（3）熟悉并掌握图层的多种混合模式。

（4）学会根据创作需求，灵活运用图层。

本章知识结构

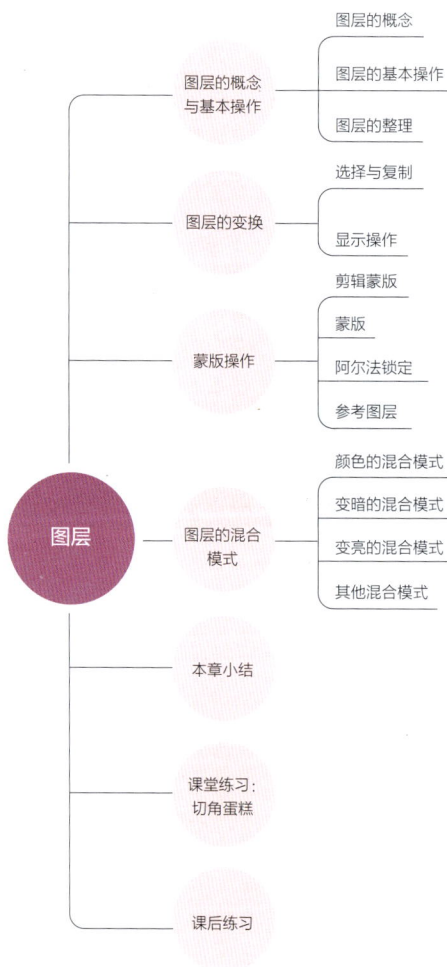

图层是数字绘画和现实绘画的区别之一，也是数字绘画中极为强大的一项功能。图层如同一张张透明的纸覆盖在背景上。创作者可以在每个图层中完成不同阶段的创作，或对画面的不同部分进行具体刻画，在当前图层中创作不会干扰其他图层；也可以使用不透明度及混合模式，让图层之间产生美妙的相互作用。

4.1 图层的概念与基本操作

Procreate 中的图层工具达到了大多数设计软件的水准，能够使数字绘画过程变得清晰与便利，并提高画面的丰富性。

4.1.1 图层的概念

可以将 Procreate 中的图层想象为一张张透明的纸，其覆盖在画布背景上，为创作者提供超越现实绘画的便利性和功能性。进入"画布"界面，点击"图层"图标 ，会弹出"图层"面板，初始状态下的"图层"面板包含两个图层："背景颜色"和"图层 1"，如图 4-1 所示。

背景颜色

背景颜色是画布的底色，颜色可以调整。"背景颜色"图层只能有一种颜色或处于透明状态，不可以直接在"背景颜色"图层上作画。

图4-1

图层 1

"图层 1"是覆盖在背景上的透明画布，可以在"图层 1"中进行绘画。"图层"右侧的数字是图层序号。

4.1.2 图层的基本操作

图层的基本操作包括显示 / 隐藏图层、新建图层、移动图层，以及复制、删除和锁定图层。

1. 显示/隐藏图层

打开 Procreate 并进入"画布"界面后，点击"图层"图标，图标呈蓝色，图标下方会弹出"图层"面板，如图 4-2 所示。

图4-2

面板中显示了"背景颜色"和"图层 1"两个图层，图层右侧均有"显示"图标，点击该图标，图标变为空方框图标，画布背景变为透明，如图 4-3 所示。

点击空方框图标 ■，背景图层又恢复全白状态，如图 4-4 所示。通过该功能，创作者可以根据需要隐藏或显示某些图层，这一操作对图层的内容不会产生影响。

图4-3

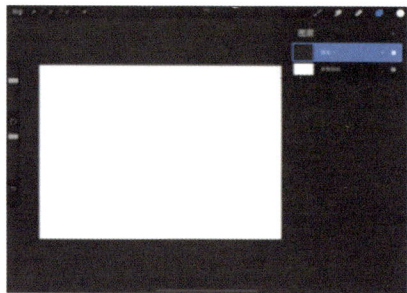

图4-4

2. 新建图层

在"画布"界面点击"图层"图标 ■，打开"图层"面板，如图 4-5 所示。

点击"图层"面板右上角的 ＋ 图标，"图层"面板的顶端会出现"图层 2"，新建图层成功，如图 4-6 所示。

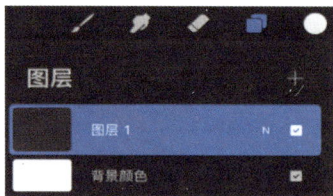

图4-5

图4-6

继续点击 ＋ 图标，可以不断新建图层。图层数量上限与画布大小有关，画布越大，图层数量上限越小。从创作角度来看，过多的图层会使界面过于复杂，创作时不够便捷。

3. 移动图层

进入 Procreate 的"画布"界面后，点击"画笔"图标 ✎，在画布中央随意绘制一个图形，如图 4-7 所示。

打开"图层"面板，新建"图层 2"，并在"图层 2"中绘制与"图层 1"中的图形可以显著区分的图形（使用不同的颜色、形状、大小即可），如图 4-8 所示。

此时"图层"面板如图 4-9 所示。

图4-7

图4-8

图4-9

长按"图层 2"并拖至"图层 1"下方，如图 4-10 所示。

此时，图层被移动，可以发现"图层 1"中的图形覆盖了"图层 2"中的图形，如图 4-11 所示。

通过这个练习，可以理解图层的基础逻辑，即上方图层的内容会覆盖下方图层的内容，且各图层中的绘画、擦除等操作均只作用于本图层，不影响其他图层。

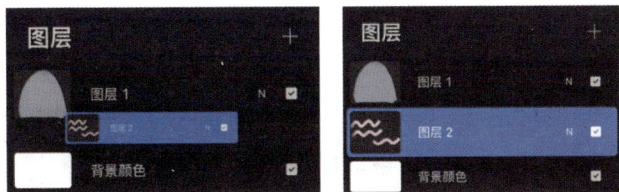

图4-10   图4-11

4．复制、删除、锁定图层

复制图层

使用"3.移动图层"的文件,打开"图层"面板,点击"图层1",选中该图层,左滑出现"复制""删除""锁定"3个选项,如图4-12所示。

点击"复制",此时面板中出现两个"图层1",而且它们的内容相同,如图4-13所示。

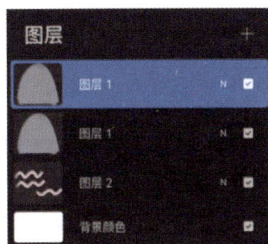

图4-12   图4-13

删除图层

点击"图层2",选中该图层,左滑后点击"删除",此时"图层2"从面板中消失,对应图形从画布中消失,如图4-14所示。

使用同样的操作删除任意一个"图层1",此时"图层"面板如图4-15所示。

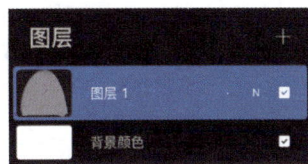

图4-14   图4-15

锁定图层

点击剩下的"图层1",选中该图层,左滑后点击"锁定",如图4-16所示。

图4-16

此时,"图层1"左侧出现"锁定"图标🔒,如图4-17所示。

选择画笔工具,在被锁定的"图层1"中进行绘制,会发现无法操作,并弹出"已锁定图层选区"提示,如图4-18所示。

点击"解锁"，可解锁该图层。点击"取消"，然后点击"图层1"，选中该图层，左滑后点击"解锁"，同样可解锁该图层，如图4-19所示。

| 图4-17 | 图4-18 | 图4-19 |

此时选择画笔工具，在"图层1"中进行绘制，即可正常操作。

4.1.3 图层的整理

过多的图层会使画面结构过于复杂、琐碎，并给创作者带来负担。在创作过程中适时地整理图层是一个良好的习惯，重命名、合并和编组是常用的几种整理方式。

1. 重命名

重命名图层便于创作者通过名称区分每个图层的内容，防止出现图层过多而混淆内容的情况。

使用之前的文件，在Procreate的"画布"界面点击"图层"图标，此时"图层"面板如图4-20所示。

点击"图层1"，"图层"面板左侧会弹出编辑选项，如图4-21所示。

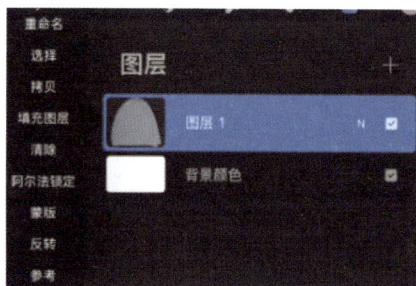

| 图4-20 | 图4-21 |

点击"重命名"，图层名称上会出现选中光标，如图4-22所示。

输入自定义名称，如"线稿"，输入完成后在"图层"面板外的任意位置点击，即可完成重命名，如图4-23所示。

| 图4-22 | 图4-23 |

2. 合并

当图层数量过多影响绘画效率，或超出软件的限制时，可以通过合并图层来减少图层数量、简化画面结构。

合并方法一

使用之前的文件，在Procreate的"画布"界面点击"图层"图标，此时"图层"面板如图4-24

所示。

　　点击"图层"面板右上角的■图标，新建"图层2"，并在"图层2"中随意绘制一些图案，如图4-25所示。

图4-24

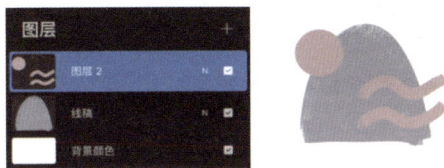

图4-25

　　点击"图层2"，"图层"面板左侧会弹出编辑选项，点击"向下合并"，将"图层2"合并至"线稿"图层，如图4-26所示。

图4-26

合并方法二

　　使用之前的文件，在Procreate的"画布"界面点击"图层"图标■，此时"图层"面板如图4-27所示。

　　用两只手指同时点中"线稿"图层和"图层2"，并向中间滑动，将两个图层合并为"线稿"图层，如图4-28所示。

图4-27

图4-28

提示

　　使用合并方法一合并图层，只能使上方图层合并至下方图层，无法使下方图层向上合并。

3. 编组

　　合并图层可以简化图层结构，但无法保留区分每个图层的内容。当画面图层数量较多且又不适合合并时，可以用编组的方法来整理图层。编组是指在保留原有图层的基础上，通过分组使其结构更加清晰、直观。

　　使用之前的文件，新建"图层3"，并在"图层3"中随意绘制新的图案，如图4-29所示。

　　新建"图层4"并将其移动至最下方，在"图层4"中绘制一些背景纹理，如图4-30所示。

图4-29

图4-30

如果想将"图层2"和"线稿"图层编组，则点击"图层2"，在左侧弹出的编辑选项中点击"向下组合"，如图 4-31 所示。此时"图层"面板如图 4-32 所示。

图4-31

图4-32

如果还想将其他图层编入这个分组，则可以长按图层将其拖入编组中的目标位置，如图 4-33 所示。

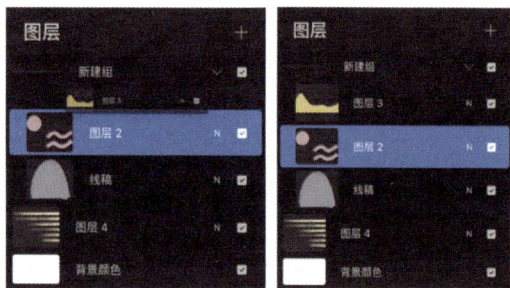

图4-33

4. 编辑图层编组

折叠与展开

使用之前的文件，"新建组"右侧有一个"折叠"图标✓，点击"折叠"图标✓，编组被折叠，如图 4-34 所示。

点击"展开"图标❯，该编组被展开，如图 4-35 所示。

点击"新建组"，左侧弹出编辑选项，如图 4-36 所示。其中"重命名"与图层的重命名操作一致，这里主要介绍"平展""向下合并""向下组合"这 3 个选项。

平展

点击编辑选项中的"平展"，编组会被合并为"线稿"图层，如图 4-37 所示。平展会将编组内的图层全部合并。

向下合并

点击编辑选项中的"向下合并"，编组内顶端的两个图层会被合并成一个图层，如图 4-38 所示。

Procreate数字绘画实战教程
（全彩微课版）

编组的"向下合并"功能作用于编组内顶端的两个图层。

图4-34

图4-35

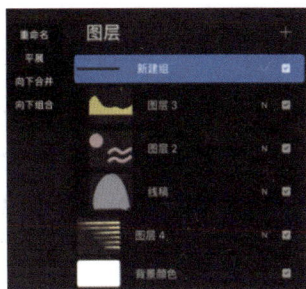
图4-36

向下组合

点击编辑选项中的"向下组合",底部的"图层4"被编入"新建组"中,如图4-39所示。编组的"向下组合"功能可以将编辑选项中的组下方的图层加入编组。

图4-37

图4-38

图4-39

4.2 图层的变换

除了上述基本操作,Procreate中的图层还可以进行变换操作,如选择和复制等。

4.2.1 选择与复制

1. 选择

使用之前的文件,打开"图层"面板,此时"图层"面板如图4-40所示。

点击"图层3",在左侧弹出的编辑选项中点击"选择",此时"画布"界面如图4-41所示。该图层内容被选中,图层内容外的部分会被覆盖灰色斜纹,底部弹出选取工具的对应面板,选取工具的具体使用方法将在之后的内容中介绍。

此时使用画笔工具随意绘画,会发现只能在图层内容选区内操作,无法在选区外操作,如图4-42所示。

点击"画布"界面左上方蓝色的"选取"图标 S,即可退出选择状态,恢复正常操作。

图4-40

图4-41

图4-42

2. 复制

"拷贝"功能需与"粘贴"功能组合使用，单独使用"拷贝"功能画布不会产生变化。

使用之前的文件，在"画布"界面点击"图层"图标 ，此时"图层"面板如图4-43所示。

点击"图层3"，在左侧弹出的编辑选项中点击"拷贝"，此时画布不会发生变化。点击"画布"界面左上方的"操作"图标 ，点击"添加 > 粘贴"，如图4-44所示。此时会发现"图层"面板中出现了新图层"已插入图像"，表示复制成功，如图4-45所示。

图4-43

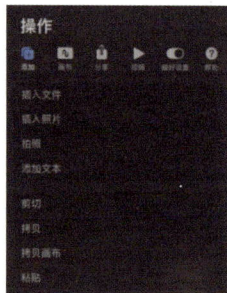

图4-44

图4-45

提示

图层的复制与粘贴不仅在同一个作品中适用，在多个作品中也同样适用。只需将图层复制，再打开需要粘贴该图层的作品进行"操作 > 添加 > 粘贴"即可。

4.2.2 显示操作

1. 不透明度

使用之前的文件，在"画布"界面点击"图层"图标 ，此时"图层"面板如图4-46所示。

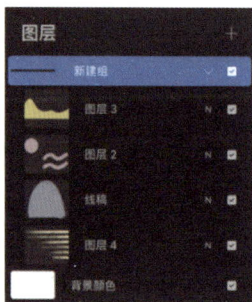

图4-46

点击"图层2"右侧的 N 图标，图层下方出现"不透明度"，拖曳"不透明度"滑块，可调整不透明度，滑块越向左越透明，滑块越向右越不透明，右侧的数值表示当前的具体不透明度，如图4-47所示。

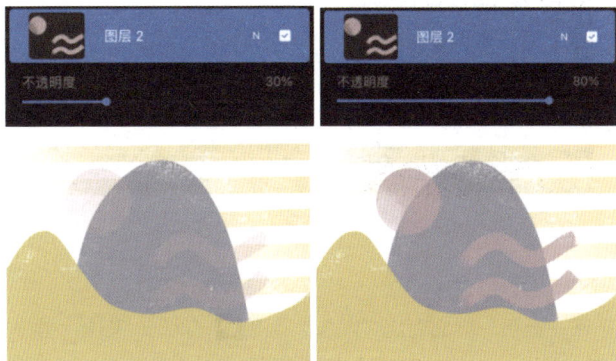

图4-47

2．填充

使用之前的文件，在"画布"界面点击"图层"图标 ，此时"图层"面板如图4-48所示。

新建"图层5"，如图4-49所示。点击"颜色"图标，弹出"颜色"面板，颜色选择浅蓝色，如图4-50所示。

图4-48　　　　　　　　　图4-49　　　　　　　　　图4-50

点击"图层5"，在左侧弹出的编辑选项中点击"填充图层"，此时图层被浅蓝色填满，如图4-51所示。

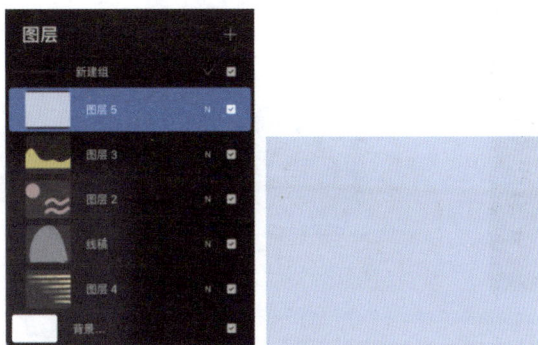

图4-51

将"图层5"移至"背景图层"上方，使其成为画面的背景，如图4-52所示。

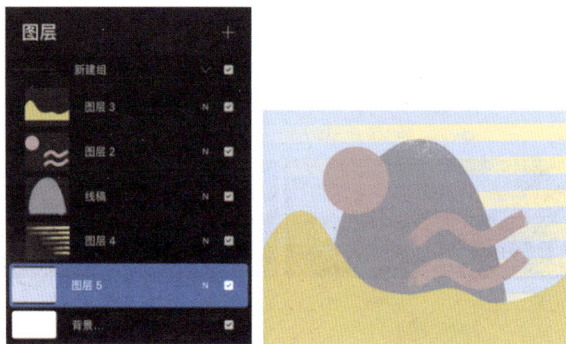

图4-52

3. 清除

使用之前的文件，在"画布"界面点击"图层"图标![图层图标]，此时"图层"面板如图 4-53 所示。

点击"图层 5"，在左侧弹出的编辑选项中点击"清除"，此时浅蓝色背景消失，如图 4-54 所示。

图4-53

图4-54

4. 反转

使用之前的文件，在"画布"界面点击"图层"图标![图层图标]，此时"图层"面板如图 4-55 所示。

点击"线稿"图层，在左侧弹出的编辑选项中点击"反转"，此时山峰的颜色变为原本颜色的反转色灰绿色，如图 4-56 所示。

再次对"线稿"图层进行"反转"操作，山峰的颜色恢复为原本的颜色，如图 4-57 所示。

图4-55

图4-56

图4-57

> **提示**
>
> 　　进行"反转"操作后的颜色的色相、明度与原本的颜色相反，例如，白底黑字在"反转"后会变为黑底白字。

4.3 蒙版操作

该部分介绍的操作不局限于蒙版,它们都具有与蒙版类似的功能,即限定绘画区域。可以这样理解蒙版:它是蒙在画布上的一层遮罩,会盖住下方的画面内容,只有遮罩透明或半透明的区域才能显示出下方的画面内容。接下来通过案例练习,读者可直观地理解蒙版的概念和应用方法。

4.3.1 剪辑蒙版

新建屏幕尺寸的画布,进入"画布"界面后,点击"背景颜色"图层,将背景设置为深蓝色,如图 4-58 所示。

选择"上漆＞尼科滚动"画笔,设置尺寸为 10%,颜色选择浅黄色,设置不透明度为 100%,在"图层 1"右上方画一个标准圆并填充颜色(绘制标准几何图形和色彩快填的方法在第 3 章中已介绍),如图 4-59 所示。

图4-58

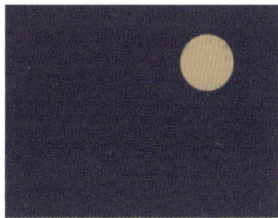

图4-59

新建"图层 2",在"画笔库"面板中选择"艺术效果＞哈茨山"画笔,设置尺寸为 80% 左右,颜色选择黄褐色,设置不透明度为 25%,使用多次叠加的上色方法,在"图层 2"中绘制一些月球上的纹理和阴影,如图 4-60 所示。

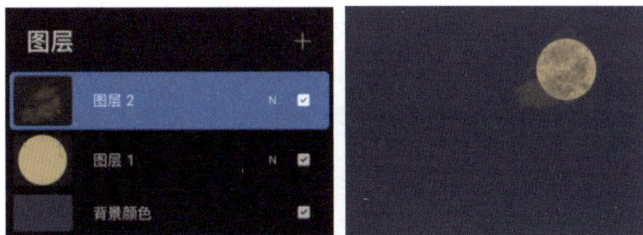

图4-60

现在,月球上的阴影超出了月球的区域,会影响画面效果,使用"剪辑蒙版"可以轻松地解决这一问题。点击"图层 2",在左侧弹出的编辑选项中点击"剪辑蒙版","图层"面板中出现剪辑蒙版符号,如图 4-61 所示。

此时,画面中月球范围外的阴影消失,如图 4-62 所示。

在绘制月球形状的"图层 2"中,围绕月球边缘再随意绘制一个弧线,扩大图案面积,会发现"图层 2"中的阴影也相应出现在绘制区域内,如图 4-63 所示。

图4-61

图4-62

图4-63

简单总结一下"剪辑蒙版"功能：下方图层的形状将限制上方图层的可见区域，超出这个区域的部分会无法显示，但并没有消失；随着下方图层形状的改变，上方图层的显示区域会发生相应变化。

4.3.2 蒙版

"蒙版"功能和"剪辑蒙版"功能有相似之处，即可以通过一个图层中的图案限制另一图层中画面出现的区域。但二者也有不同之处，即剪辑蒙版只能将遮罩直接镂空，而蒙版不仅可以将遮罩镂空，还可以调整遮罩中特定区域的不透明度。下面通过两个案例来详细介绍"蒙版"功能。

案例4-1：多云夜空

微课视频

效果文件位置：效果文件 >CH04> 案例 4-1：多云夜空。

本案例主要介绍擦除工具如何与蒙版结合使用。通过练习，可以发现图层蒙版决定着图层的显示区域，蒙版中被擦去的部分即镂空的部分会透出下方图层的画面。

步骤1：使用 4.3.1 小节创建的文件，新建"图层 3"，并将图层填充为黄灰色，如图 4-64 所示。

步骤2：点击"图层 3"，在左侧弹出的编辑选项中点击"蒙版"，会发现"图层 3"上方出现白色的"图层蒙版"，如图 4-65 所示。

步骤3：在擦除工具的"画笔库"面板中，选择"有机 >棉花"画笔，设置尺寸为 40%，设置不透明度为 100%，在"图层蒙版"中少量多次地擦除蒙版，营造出薄云的效果，如图 4-66 所示。

图4-64

图4-65

图4-66

案例4-2：重峦

效果文件位置：效果文件 >CH04> 案例 4-2：重峦。

微课视频

本案例主要介绍画笔工具如何与蒙版结合使用。蒙版中的黑色会使蒙版透出下方的画面；颜色越深，蒙版越透明，颜色越浅，蒙版越不透明。

步骤1：新建屏幕尺寸的画布，进入"画布"界面后，将画布调整为竖向并将"背景颜色"图层设置为深蓝色，如图 4-67 所示。

步骤2：点击"图层1"，在左侧弹出的编辑选项中点击"填充"，将整个图层填充为粉色，如图 4-68 所示。

图4-67

图4-68

步骤3：点击"图层1"，在左侧弹出的编辑选项中点击"蒙版"，"图层"面板中将出现白色的"图层蒙版"，如图 4-69 所示。

步骤4：点击"图层蒙版"，选择"上漆 > 尼科滚动"画笔，设置尺寸为100%，颜色选择浅灰色，在上方画出一条山脉的形状，呈现出比"图层1"粉色稍深的颜色，如图 4-70 所示。

图4-69

图4-70

步骤5：使用同样的画笔，颜色选择稍深的灰色，在原有山脉下方画出另一条山脉的形状，形状呈现更深的颜色，如图 4-71 所示。此时"图层"面板如图 4-72 所示。

图4-71

图4-72

步骤6：颜色选择更深的灰色，不断在"图层蒙版"中叠加山脉的形状，会发现选择的灰色越浅，山脉的颜色越接近"图层1"的粉色（遮罩越不透明）；如果选择白色，则画不出任何形状；选择的灰色越深，山脉的颜色越接近背景的蓝色（遮罩越透明）；如果选择黑色，则山脉的颜色和背景一致，如图 4-73 所示。此时"图层"面板如图 4-74 所示。

图4-73

图4-74

4.3.3　阿尔法锁定

　　阿尔法锁定与剪辑蒙版类似，均可以限定绘画区域，但阿尔法锁定仅在本图层内操作，不会建立新图层蒙版。

案例4-3：月下桂

微课视频

效果文件位置：效果文件 >CH04> 案例 4-3：月下桂。

　　本案例主要介绍阿尔法锁定的用法，并对比它与蒙版、剪辑蒙版的不同之处。

　　步骤1：使用案例 4-1 中的文件，新建"图层5"，选择"有机 > 腊菊"画笔，设置尺寸为40%，颜色选择黑色，设置不透明度为100%，在"图层5"左半部分画一些树影，如图 4-75 所示。

　　步骤2：点击"图层5"，在左侧弹出的编辑选项中点击"阿尔法锁定"，此时发现图层的预览图中树影以外的部分变为马赛克格子，如图 4-76 所示，马赛克格子即不可绘制区域。

图4-75

图4-76

　　步骤3：选择"上漆 > 尼科滚动"画笔，设置尺寸为100%，颜色选择暖白色，设置不透明度为100%，在"图层5"中大面积上色，会发现无论怎么画，都不会超出树影区域着色，如图 4-77 所示。

　　步骤4：点击"图层5"，在左侧弹出的编辑选项中点击"阿尔法锁定"，如图 4-78 所示，即可取消锁定。此时在"图层5"中绘画，着色区域不再受到限制。

　　通过这个案例，可以发现阿尔法锁定能够限定着色不超出已有的绘制区域，但无法将着色区域和着色内容分开操作，故阿尔法锁定通常用于铺色完成后对局部进行调整、刻画。

图4-77

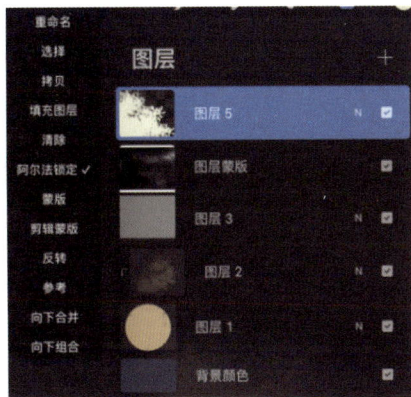

图4-78

4.3.4 参考图层

"参考"功能与以上 3 个功能有所不同,它是通过线条勾勒来确定着色区域的,这一功能通常用于根据线稿进行上色。

案例4-4:参考填色

素材文件位置:CH04> 图层的变换 > 参考图层 .jpg。

效果文件位置:效果文件 >CH04> 案例 4-4:参考填色。

微课视频

步骤1:打开图片,此时"图层"面板如图 4-79 所示。

步骤2:点击"图层1",在左侧弹出的编辑选项中点击"参考","图层1"名称下方将出现"参考"字样,如图 4-80 所示。

图4-79

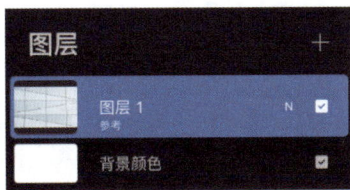

图4-80

步骤3:新建"图层2",在"颜色"面板中选择橙色,将"颜色"图标拖至参考图层的任一个格子里,会发现颜色自动填充了参考图层中线条分割出的形状,如图 4-81 所示。

步骤4:新建"图层3",换一种颜色进行同样的尝试,发现颜色依然会根据参考图层中线条分割分出来的形状自动填充,如图 4-82 所示。

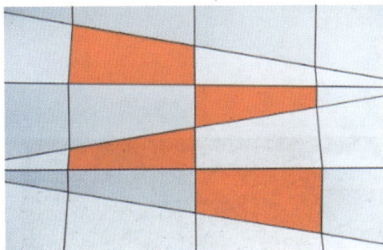

图4-81

图4-82

本案例利用参考图层来快速填色，通过练习，我们会发现参考图层中的线稿会对其上方图层的着色起到引导作用，这一功能在对线稿进行上色时非常便利。

> 提示
>
> 非线条类的图层同样可以作为参考图层，在其上方图层着色，颜色将根据参考图层中的不同颜色进行填色区域的判断和区分。

4.4 图层的混合模式

在 Procreate 中，图层有二十余种混合模式，主要分为颜色、变暗、变亮、对比度和差值 5 个大类，通过形、色和这些混合模式的叠加，可以便捷地创作出许多视觉效果。接下来的案例将从 3 个大类出发，每一类选择常用的、具有代表性的混合模式进行练习。

4.4.1 颜色的混合模式

颜色的混合模式主要有色相、饱和度、颜色和明度，这些模式通常可以用来对画面颜色的要素进行调整。

案例4-5：梨子的叠加上色

效果文件位置：效果文件 >CH04> 案例 4-5：梨子的叠加上色。

本案例使用图层的叠加对黑白的画面进行着色，通过练习理解叠加模式的作用。

步骤 1：新建一张屏幕尺寸的画布，背景颜色调为深灰色，如图 4-83 所示。

微课视频

图4-83

步骤 2：选择"上漆 > 尼科滚动"画笔，将尺寸调整为 20%，不透明度调整为 100%，颜色选择白色，在"图层 1"中画出桌面，如图 4-84 所示。此时"图层"面板如图 4-85 所示。

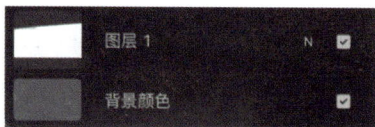

图4-84 图4-85

步骤3：画笔设置不变，新建"图层2"，颜色选择浅灰色，在桌面靠左的位置画出一个梨，将颜色改为深灰色，画出梨柄；然后新建"图层3"，颜色选择更浅的灰色，在桌面中间画出另一个梨，将颜色改为深灰色，画出梨柄，如图4-86所示。此时"图层"面板如图4-87所示。

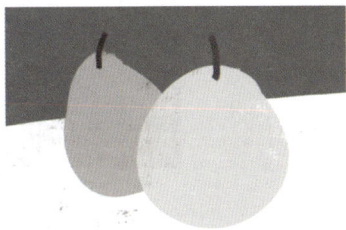

图4-86

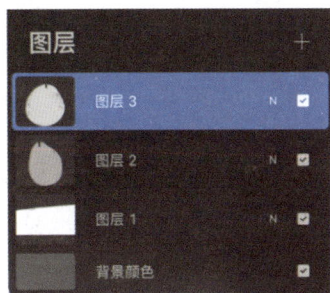

图4-87

步骤4：新建"图层4"，使用同样的画笔，将尺寸调整为80%，颜色选择黄色，在"图层4"中绘制覆盖两个梨子的区域，如图4-88所示。此时"图层"面板如图4-89所示。

图4-88

图4-89

步骤5：点击"图层4"右边的 N 图标，展开图层混合模式选项，点击"颜色"，如图4-90所示。此时画面中覆盖的部分呈黄色，且明度保留了之前各部分灰色的明度，如图4-91所示。

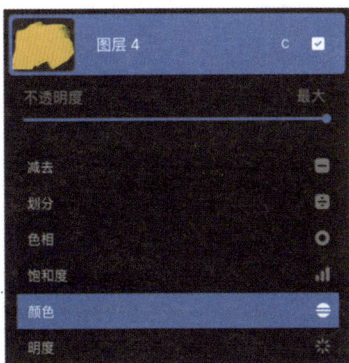

图4-90

图4-91

步骤6：点击"图层4"，在左侧弹出的编辑选项中点击"剪辑蒙版"，"图层4"的颜色被限制在中间梨子的形状内，如图4-92所示。

步骤7：新建"图层5"并移至"图层2"上方，用同样的方法为"图层2"中的梨子上色，如图4-93所示。此时"图层"面板如图4-94所示。

图4-92

图4-93

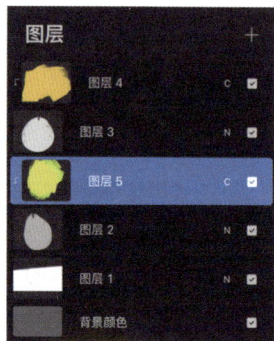

图4-94

案例4-6：梨子的色相调整

微课视频

素材文件位置：CH04> 图层的混合模式 > 梨子 .jpg。

效果文件位置：效果文件 >CH04> 案例 4-6：梨子的色相调整。

本案例主要介绍色相混合模式。

步骤1：新建屏幕尺寸的画布，将背景颜色调整为蓝色，并导入相应素材，如图 4-95 所示。此时"图层"面板如图 4-96 所示。

图4-95

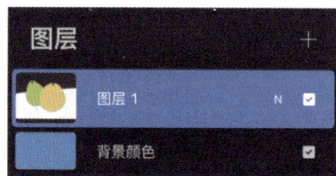

图4-96

步骤 2：新建"图层 2"，选择"上漆 > 尼科滚动"画笔，设置尺寸为 100%，颜色选择深蓝色，在"图层 2"中沿对角线覆盖一半左右的画面，如图 4-97 所示。此时"图层"面板如图 4-98 所示。这样操作是为了方便对比用了图层混合模式的颜色效果和原本的颜色效果。

图4-97

图4-98

步骤 3：点击"图层 2"右边的 N 图标，展开图层混合模式选项，点击"色相"，如图 4-99 所示。会发现深蓝色覆盖部分的颜色都偏离了原本的颜色，变为了蓝紫色，但两个梨子、背景的颜色依然有所区分，如图 4-100 所示。

步骤 4：降低"图层 2"的不透明度，如图 4-101 所示；会发现不透明度越低，颜色越接近原本的颜色，不透明度越高，颜色越偏向蓝色，如图 4-102 所示。

图4-99

图4-100

图4-101

图4-102

案例4-7：梨子的饱和度调整

素材文件位置：CH04> 图层的混合模式 > 梨子 .jpg。

效果文件位置：效果文件 >CH04> 案例 4-7：梨子的饱和度调整。

微课视频

饱和度混合模式能够使下方画面颜色的饱和度与本图层的颜色饱和度一致，这个功能可以用来在绘画过程中检查画面的黑白关系。

步骤 1：使用上一个案例的文件，清空"图层 2"，如图 4-103 所示。

步骤 2：选择"上漆 > 尼科滚动"画笔，设置尺寸为 100%，颜色选择红色，在"图层 2"中沿对角线覆盖一半左右的画面，如图 4-104 所示。"图层"面板如图 4-105 所示。

图4-103

图4-104

图4-105

步骤 3：点击"图层 2"右边的 N 图标，展开图层混合模式选项，点击"饱和度"，如图 4-106 所示。可以发现红色覆盖部分的颜色的饱和度都变高了，如图 4-107 所示。

步骤 4：使用同样的画笔，颜色选择黑色，在"图层 2"中覆盖左下方的一部分画面，会发现黑色覆盖部分的画面变成了黑白状态，如图 4-108 所示。

图4-106

图4-107

图4-108

4.4.2 变暗的混合模式

变暗的混合模式有正片叠底、线性加深、颜色加深、变暗和深色，使用这些模式的图层都会对下方图层产生加深的效果，但效果不同，图4-109是将变暗的混合模式汇总的一张效果对比图，可以直观地看出每个混合模式的异同之处。

图4-109

对比可以发现，"深色"和"线性加深"的混合效果对明度更低的颜色作用较弱，"颜色加深""正片叠底""线性加深"则能起到统一加深并叠加颜色的作用，其中"正片叠底"的对比度相对较低，是变暗中最常用的混合模式，通常可用于绘制暗部、阴影或加深局部。

案例4-8：绘制梨子暗部及投影

素材文件位置：CH04> 图层的混合模式 > 梨子 .jpg。
效果文件位置：效果文件 >CH04> 案例 4-8：绘制梨子暗部及投影。
本案例主要介绍正片叠底混合模式在绘制暗部和投影时的用法。

微课视频

步骤1：使用案例 4-5 的文件，将背景颜色设为蓝色，如图4-110 所示。"图层"面板如图4-111 所示。

图4-110

图4-111

Procreate数字绘画实战教程（全彩微课版）

步骤 2：新建"图层 6"，将其置于顶端，选择"上漆 > 尼科滚动"画笔，设置尺寸为 50%，颜色选择浅灰蓝色，在"图层 6"中沿右边梨子的底部边缘画一笔暗部形状，如图 4-112 所示。"图层"面板如图 4-113 所示。

图4-112

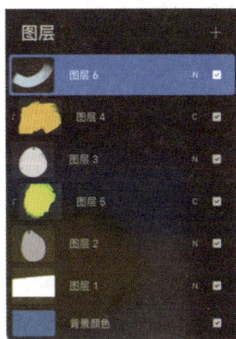

图4-113

步骤 3：点击"图层 6"右边的 N 图标，展开图层混合模式选项，点击"正片叠底"，调节图层的不透明度，让浅蓝灰色暗部在梨子上的部分呈黄绿色，如图 4-114 所示。

步骤 4：点击"图层 6"，在左侧弹出的编辑选项中点击"剪辑蒙版"，将投影颜色的区域限制在梨子中，如图 4-115 所示。"图层"面板如图 4-116 所示。

图4-114

图4-115

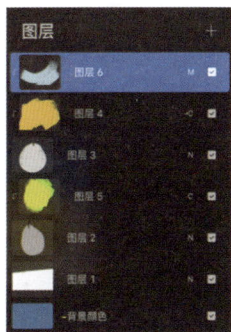

图4-116

步骤 5：新建"图层 7"并移至"图层 5"上方，用同样的画笔、颜色和操作给左边的梨子加上暗部，如图 4-117 所示。"图层"面板如图 4-118 所示。

图4-117

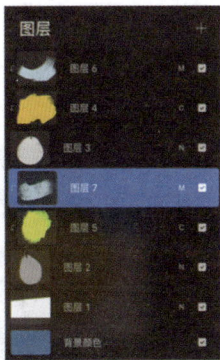

图4-118

步骤 6：此时图层有些多，可以用重命名和编组方式进行整理，如图 4-119 所示。

步骤 7：新建"图层 10"并移至"桌面"图层上方，在"图层 10"中用同样的画笔、颜色和操作在桌面上画出两个梨子的投影，如图 4-120 所示。"图层"面板如图 4-121 所示。

图4-119

图4-120

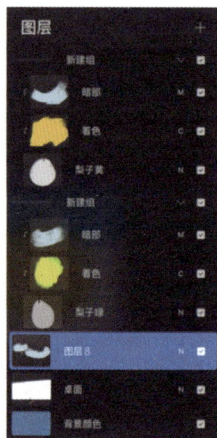
图4-121

4.4.3 变亮的混合模式

变亮的混合模式主要有变亮、滤色、颜色减淡、添加和浅色，这里同样制作了一张汇总图片用于进行效果对比，如图 4-122 所示。可以发现，"添加"的变亮效果最强烈，"浅色"最大程度地保留了色相，"滤色""颜色减淡""变亮"的效果相对接近，但在明度和颜色的保留程度上不同。

图4-122

案例4-9：城市烟花

素材文件位置：CH04> 图层的混合模式 > 城市夜景 .jpg。

效果文件位置：效果文件 >CH04> 案例 4-9：城市烟花。

本案例主要介绍滤色混合模式的贴图操作，滤色混合模式可以用于叠加深色背景的素材，前后效果对比如图 4-123 所示。

微课视频

图4-123

步骤1: 打开 Procreate，在右上角点击"照片"，直接打开练习素材，如图 4-124 所示。"图层"面板如图 4-125 所示。

图4-124

图4-125

步骤2: 在"画布"界面点击"操作"图标，点击"添加＞插入照片"，选择烟花图片并导入，如图 4-126 所示。拖曳图片四角的变形节点将图片调至和背景图片同宽，将烟花图片移到天空处，如图 4-127 所示。

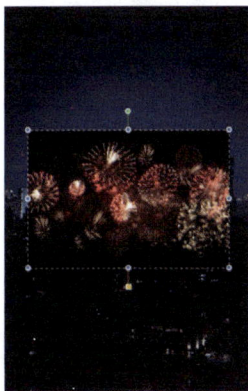

图4-126

图4-127

步骤3: 点击烟花图片图层右边的 N 图标，展开图层混合模式选项，点击"滤色"，如图 4-128 所示。可以发现烟花自然地融入夜空中，如图 4-129 所示。

图4-128

图4-129

素材文件位置：CH04> 图层的混合模式 > 城市夜景 .jpg。

效果文件位置：效果文件 >CH04> 案例 4-10：烟花提亮。

微课视频

颜色减淡混合模式可用于对画面局部进行提亮，其效果会比直接提亮更加自然。本案例用颜色减淡混合模式对烟花进行提亮，增强画面的明暗对比。

步骤 1：使用案例 4-9 的文件，新建"图层 3"，并将图层填充为黑色，如图 4-130 所示。"图层"面板如图 4-131 所示。

图4-130

图4-131

步骤 2：点击"图层 3"右边的 N 图标，展开图层混合模式选项，点击"颜色减淡"，如图 4-132 所示。画面恢复刚才的状态，如图 4-133 所示。

步骤 3：点击"画笔"图标 ，选择"气笔修饰 > 软画笔"，设置尺寸为 40%，设置不透明度为 50%，颜色选择橙色，在"图层 3"中点击中间的烟花，可以发现被点击的烟花被提亮了，如图 4-134 所示。

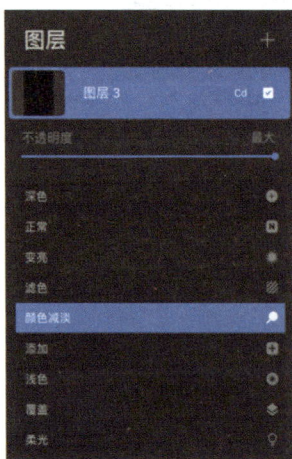

图4-132

图4-133

图4-134

4.4.4 其他混合模式

1. 对比度的混合模式

对比度的混合模式包括覆盖、柔光、强光、亮光、线性光、点光和实色混合，这些混合模式可以用于调整画面的对比度和色调。观察图 4-135，可以总结出不同对比度混合模式的异同。

图4-135

我们可以大致通过效果对对比度的混合模式进行分组认识。"覆盖""柔光"的效果相对柔和，可用于调整画面色调；"强光""点光"对颜色的保留度较高，可用于覆盖着色；"亮光""线性光""实色混合"会提高亮度和饱和度，使画面更加鲜艳。

2. 反差的混合模式

反差的混合模式包括差值、排除、减去、划分，这些混合模式都会使原有颜色产生较大的反差效果，如图 4-136 所示。反差混合模式可以用于一些创意效果的制作，例如，制作底片效果等。

图4-136

4.5 本章小结

图层是数字绘画中极为强大的一项功能，也是数字绘画与现实绘画最大的不同之一。通过区分图层，创作者能够针对不同阶段、不同区域进行创作。图层的蒙版功能可以辅助创作者对固定区域进行刻画，创作者结合不透明度和不同混合模式使用可以便捷地创造出不同画面效果。蒙版和混合模式是本章的重点知识，由于混合模式数量众多、应用灵活，因此创作者需要不断在练习中熟悉混合模式的运用。

4.6 课堂练习：切角蛋糕

效果文件位置：效果文件 >CH04> 课堂练习：切角蛋糕。

本节通过一个案例将前面介绍的图层知识进行汇总。

步骤1：新建屏幕尺寸的画布，并将背景颜色调整为浅绿色，如图 4-137 所示。

微课视频

步骤2：点击"图层1"，选择"上漆＞尼科滚动"画笔，设置尺寸为20%，设置不透明度为100%，颜色选择黄色，在画布中画一个切角蛋糕的形状，如图4-138所示。"图层"面板如图4-139所示。

图4-137

图4-138

图4-139

步骤3：新建"图层2"，将其设置为"图层1"的剪辑蒙版，使用同样的画笔设置，在"图层2"中用白色画出蛋糕的奶油部分，如图4-140所示。"图层"面板如图4-141所示。

图4-140

图4-141

步骤4：新建"图层3"，将其重命名为"暗部"。使用同样的画笔设置，颜色选择灰蓝色，在画面中覆盖蛋糕的侧面，如图4-142所示。"图层"面板如图4-143所示。

图4-142

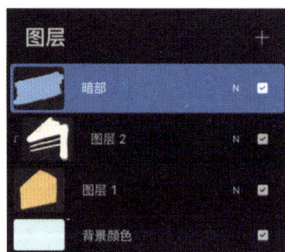

图4-143

步骤5：将"暗部"图层设置为剪辑蒙版，将其范围限制在蛋糕范围中，并将图层混合模式设置为"正片叠底"，不透明度调整为40%，如图4-144所示，效果如图4-145所示。

图4-144

图4-145

步骤 6：新建"图层 4"，将其移动至最下方并重命名为"投影"，如图 4-146 所示。使用与步骤 4 同样的画笔设置和颜色画出蛋糕的投影，如图 4-147 所示。

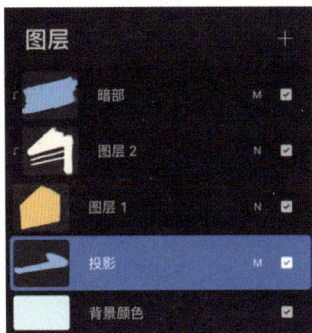

图4-146

图4-147

步骤 7：将"投影"图层的混合模式调整为"正片叠底"，不透明度调整为 40%，如图 4-148 所示。此时画面如图 4-149 所示。

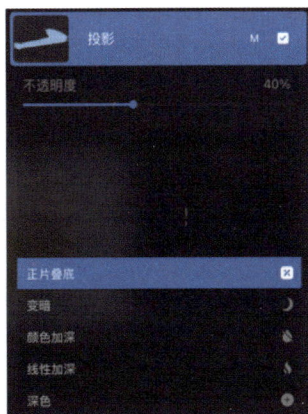

图4-148

图4-149

步骤 8：点击"操作"图标 🖌️，点击"添加＞插入照片"，导入纹理图片素材，将图层混合模式设置为"颜色加深"，设置不透明度为最大，如图 4-150 所示，便为桌面叠加上了纹理，如图 4-151 所示。

图4-150

图4-151

4.7 课后练习

素材文件位置：CH04> 课后练习 > 孤雁 .jpg。

效果文件位置：效果文件 >CH04> 课后练习。

自主应用本章所学知识，依照素材临摹完成作品，效果如图 4-152 所示。

图4-152

微课视频

Procreate数字绘画实战教程
（全彩微课版）

82

第 5 章 操作

本章将讲解Procreate的"操作"面板中的一系列功能。
本章学习目标如下。
（1）学会在Procreate中添加图片、文件及文本的方法。
（2）学会在Procreate中调整画布尺寸及画布辅助功能的方法。
（3）学会导出并分享Procreate中的作品或图层的方法。
（4）学会缩时视频的录制及导出方法。
（5）学会个性化调节Procreate中的偏好设置。

本章知识结构

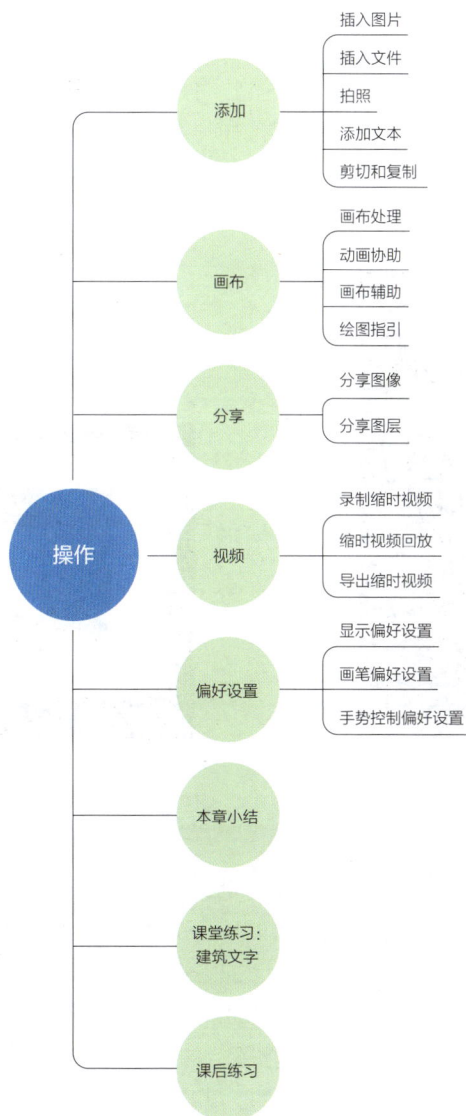

```
                                    ┌── 插入图片
                                    ├── 插入文件
                            添加 ───┼── 拍照
                                    ├── 添加文本
                                    └── 剪切和复制

                                    ┌── 画布处理
                                    ├── 动画协助
                            画布 ───┼── 画布辅助
                                    └── 绘图指引

                            分享 ───┬── 分享图像
                                    └── 分享图层

                                    ┌── 录制缩时视频
        操作 ─────────────── 视频 ──┼── 缩时视频回放
                                    └── 导出缩时视频

                                    ┌── 显示偏好设置
                        偏好设置 ───┼── 画笔偏好设置
                                    └── 手势控制偏好设置

                          本章小结

                    课堂练习：
                    建筑文字

                          课后练习
```

Procreate 的"操作"面板中包含一系列基础性的功能，这些功能在创作过程中和结束后起到重要的辅助作用，如调整画布尺寸等参数、添加图片和导出作品等。本章需要读者重点掌握在绘画过程中调整画布尺寸和以不同格式导出并分享作品。

5.1 添加

在 Procreate 中不仅可以在画布中作画，通过"操作 > 添加"功能，还可以向画布中添加图片、文件和文本，或将其他作品中的局部画面、图层和整体画面复制至当前画布，对插入的文本还可以进行字体、字号、间距等调节操作。

5.1.1 插入图片

1. 插入图片的方法

新建 A4 尺寸的画布并进入"画布"界面，点击"操作"图标，打开"操作"面板。"操作"面板的"添加"栏有"插入文件"和"插入照片"选项，如图 5-1 所示。

点击"插入照片"，将弹出设备的相册界面，点击准备好的图片素材或自己想插入的任意图片并确定后，该图片即出现在画布中，如图 5-2 所示。

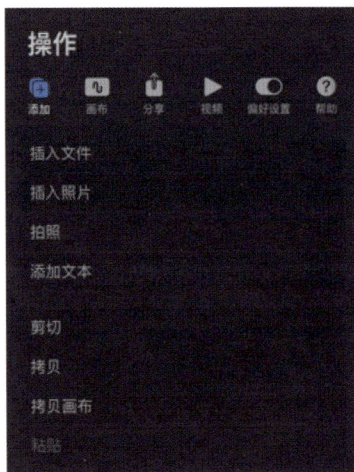

图5-1

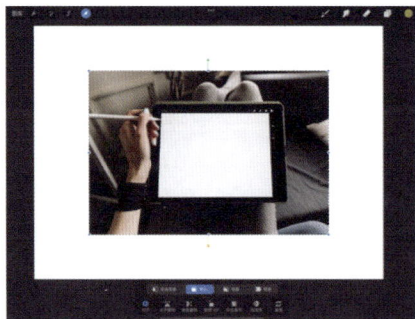

图5-2

2. 调整插入图片的位置和尺寸

插入的图片处于选中可变换状态，即四周有虚线框和节点。在图 5-3 中，四周的 8 个蓝色节点均用于调节图片尺寸，上方绿色节点用于调节旋转角度，下方黄色节点用于调整图片外框。

按住任意蓝色节点进行拖曳，会发现图片的尺寸根据节点的位置等比例缩放，如图 5-4 所示。

按住图片中任何一处进行移动，图片会跟随移动，如图 5-5 所示。

按住图片正上方的绿色节点进行旋转，可调整图片的角度，如图 5-6 所示。

调整好后，点击界面任意空白处，或切换别的工具即可。

图5-3　　　　　　　　　　　　图5-4

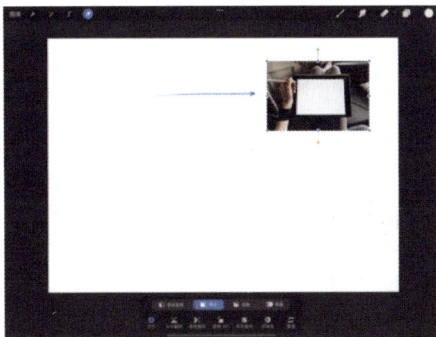
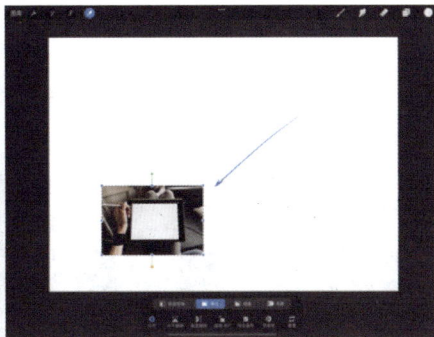

图5-5

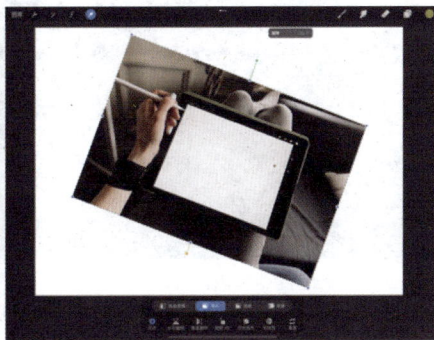

图5-6

3．插入多张图片

插入不同的图片，可以发现不同图片在画布中的大小不同，这是由图片的原始尺寸决定的。但再大的图片插入画布后也不会超出画布的尺寸，而是会自动对齐画布的边界，如图 5-7 所示。

查看此时的"图层"面板，会发现插入的每张图片自动生成一个图层，如图 5-8 所示。调整图层的位置，即可调整图片之间的覆盖关系，上方图层的图片会覆盖下方图层的图片。如果需要对其中一张图片进行调整，则只需选中图片所在图层进行调整即可。

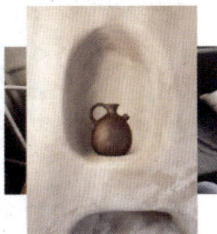
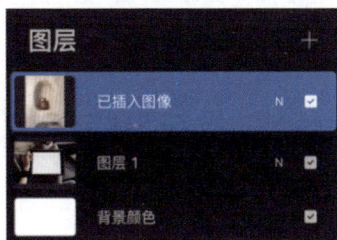

图5-7　　　　　　　　　　　　图5-8

5.1.2　插入文件

1. 插入文件的方法

　　将图片文件保存至 iPad 的文件夹中（可以新建名为"Procreate"的文件夹，方便自己辨认），然后打开 Procreate。新建 A4 尺寸的画布并进入"画布"界面，点击"操作"图标，打开"操作"面板。在"操作"面板的"添加"栏顶端点击"插入文件"，将弹出设备的文件夹界面，如图 5-9 所示。

　　此时会发现，文件夹中只有图片格式的文件可以选择，其他格式的文件均不可选择。点击图片文件，图片将被导入画中，如图 5-10 所示。

图5-9

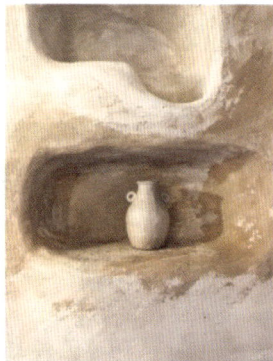

图5-10

2. 编辑文件

图片文件的调整和编辑方法与 2.2.2 小节中图片的编辑方法一致。

5.1.3　拍照

　　新建 A4 尺寸的画布并进入"画布"界面，点击"操作"图标，打开"操作"面板。在"操作"面板的"添加"栏中点击"拍照"，如图 5-11 所示。

　　点击"拍照"后将进入相机界面，如图 5-12 所示。

　　点击"快门"拍下照片，界面将全屏显示照片，左下角为"重拍"，右下角为"使用照片"，如图 5-13 所示。

　　点击"重拍"可重新拍摄。点击"使用照片"，可将该照片导入画布中，如图 5-14 所示。

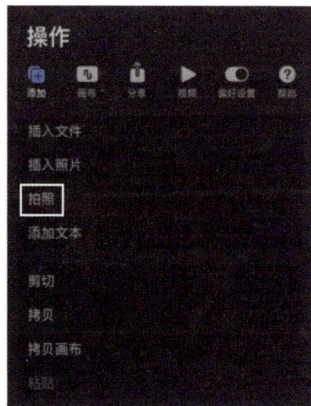

图5-11

图5-12

图5-13

图5-14

5.1.4 添加文本

使用 Procreate 中的"添加文本"功能，能够自定义插入文本、调整文本字体和字号等。"添加文本"功能使该软件不仅可以用于图片的绘制和处理，还可以进行简单的图文排版或海报设计。

1. 添加文本的方法

新建 A4 尺寸的画布并进入"画布"界面，在"颜色"面板中将颜色选为蓝色。点击 "操作"图标，打开"操作"面板，点击"添加文本"，如图 5-15 所示。

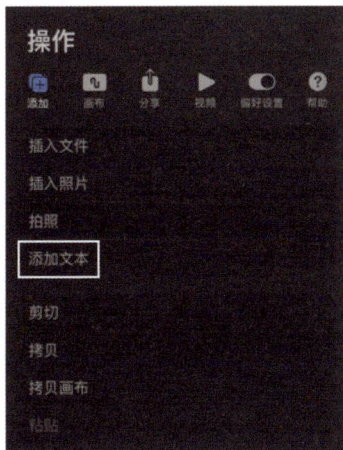
图5-15

点击"添加文本"后，画布中将出现带有"文本"二字的文本框，颜色为上一步选择的蓝色，如图 5-16 所示。

点击"文本"，界面下方将出现键盘，通过键盘输入任意文本，如输入"Procreate"，即可将文本添加至画布中，如图 5-17 所示。

图5-16

图5-17

移动文本：按住文本框的任意位置并拖曳，即可移动文本，其原理与图片的移动一致。

2. 编辑文本样式

选中已输入的文字，文字旁会弹出编辑选项，包含字体、样式、对齐方式等，如图 5-18 所示。

点击编辑选项中的"字体"选项，界面下方会弹出完整的文本编辑面板，共包含 4 个调整栏，如图 5-19 所示。

- 在"字体"栏中可选择合适的字体。

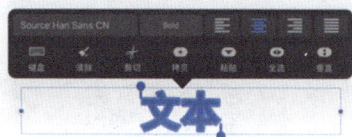

图5-18

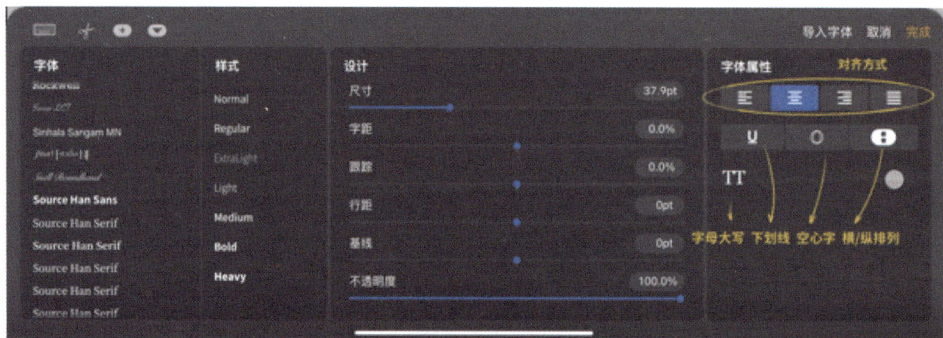

图5-19

- 在"样式"栏中可选择字体加粗、纤细等样式。
- 在"设计"栏中可调整文字尺寸、字距和行距等选项，以下是各选项的解释。

尺寸：文字大小。

字距：相邻文字之间的距离。

跟踪：一段文字之间的距离。

行距：相邻文字行之间的距离。

基线：文本框内文字的基线位置。

不透明度：文字颜色的不透明度。

- 在"字体属性"栏中可调整文字的对齐方式、下划线、空心字、横/纵排列和字母的大小写。

3. 导入字体

导入字体前，需先将字体保存至设备的文件夹中，在文本编辑面板右上角点击"导入字体"，将弹出文件夹界面，如图 5-20 所示。

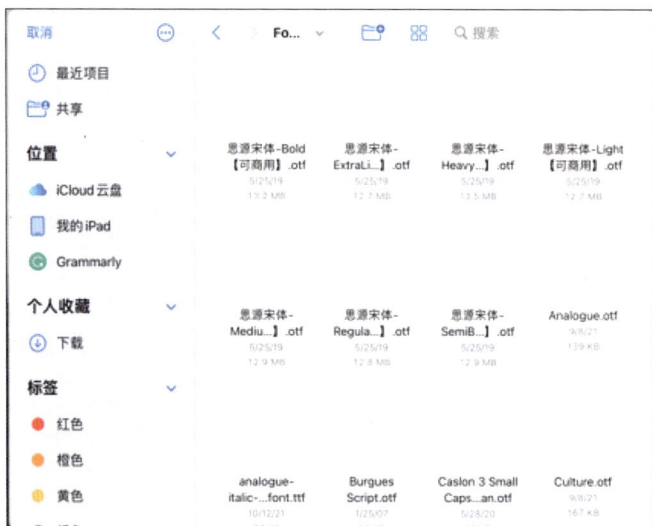

图5-20

Procreate数字绘画实战教程（全彩微课版）

找到存储字体的文件夹并选中需要导入的字体，即可导入。导入成功后，在文本编辑面板左侧的"字体"栏中可找到该字体。

5.1.5 剪切和复制

1. 剪切和粘贴

新建 A4 尺寸的画布并进入"画布"界面，点击"操作 > 添加 > 插入图片"，插入两张素材图片并调整其位置，如图 5-21 所示。

打开"图层"面板并选中左图的图层，点击"操作 > 添加 > 剪切"，此时画布中的左图消失，如图 5-22 所示。

新建一张 A4 尺寸的画布，点击"操作 > 添加 > 粘贴"，上一步剪切的左图出现在画布中，如图 5-23 所示。

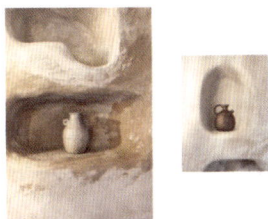  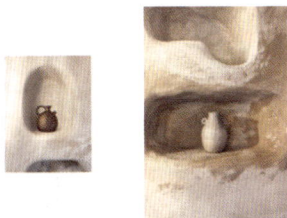

图5-21　　　　　　　　　　　　图5-22　　　　　　　　　　　　图5-23

2. 复制和粘贴

新建 A4 尺寸的画布并进入"画布"界面，点击"操作 > 添加 > 插入图片"，插入两张素材图片并调整其位置，如图 5-24 所示。

打开"图层"面板并选中左图的图层，点击"操作 > 添加 > 拷贝"，此时画布无变化。新建一张 A4 尺寸的画布，点击"操作 > 添加 > 粘贴"，前面复制的左图出现在画布中，如图 5-25 所示。

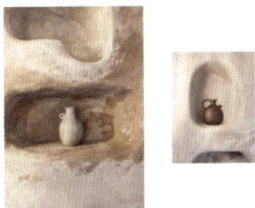 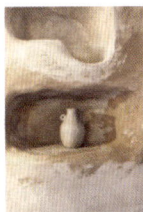

图5-24　　　　　　　　　　　　　　　　图5-25

3. 复制画布

新建 A4 尺寸的画布并进入"画布"界面，点击"操作 > 添加 > 插入图片"，插入两张素材图片并调整其位置，如图 5-26 所示。

打开"图层"面板并选中左图的图层，点击"操作 > 添加 > 拷贝画布"，此时画布无变化。新建一张 A4 尺寸的画布，点击"操作 > 添加 > 粘贴"，原图将完整地出现在画布中，但原画布中的两个图层被合并，如图 5-27 所示。

> 提示
>
> 　　"剪切""复制"功能与我们在文字处理中常用的"剪切""复制"功能一致。"剪切"会使原图消失，粘贴后转移至新位置；"复制"则是原图不动，粘贴后新位置出现副本。"拷贝"针对单个图层的内容；"拷贝画布"针对整个画布的内容，但粘贴后原画布中的图层会被合并为一个图层。

图5-26

图5-27

案例5-1：画中画

微课视频

素材文件位置：素材文件 >CH05> 案例 5-1：画中画。
效果文件位置：效果文件 >CH05> 案例 5-1：画中画。

本案例讲解如何通过添加图片和文本进行拼贴设计和图文排版，如图 5-28
所示。

（处理前）　　　　　　　　　　　　（处理后）

图5-28

步骤 1：在"图库"界面打开素材图片作为画布，如图 5-29 所示。

步骤 2：点击"操作 > 添加 > 插入图片"，添加两张器皿的素材图片，并调整其大小和位置，使其位于画布中的 iPad 屏幕中，如图 5-30 所示。此时"图层"面板如图 5-31 所示。

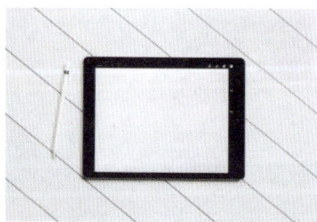  

图5-29　　　　　　　　　　图5-30　　　　　　　　　　图5-31

步骤 3：点击"操作 > 添加 > 插入文本"，添加 3 处文本，具体要求如下。

第一处："Procreate"，"字体"为"Source Han Serif（思源宋体）"，"样式"为"Heavy"，"尺寸"为 19pt，空心 + 全部大写，居中对齐置于左图上方。

第二处："Procreate"，"字体"为"Source Han Serif（思源宋体）"，"样式"为"Bold"，"尺寸"为 6pt，实心 + 全部大写，字号调小，居中对齐置于右图上方。

第三处："通过添加图片和添加文本功能，可以对多张图片进行拼贴、覆盖，并实现简单的图文排版"，"字体"为"Source Han Serif（思源宋体）"，"样式"为"Semi Bold"，"尺寸"为 3pt，实心，居中对齐，置于右图下方。

最终效果如图 5-32 所示。

图5-32

5.2 画布

在使用 Procreate 进行创作的过程中，可以根据需要随时调整画布的尺寸，并通过翻转画布来检查画面的造型是否准确。

5.2.1 画布处理

1. 调整画布尺寸

手动调整画布尺寸

新建屏幕尺寸的画布并进入"画布"界面，点击"操作 > 画布"，如图 5-33 所示，打开画布编辑界面。

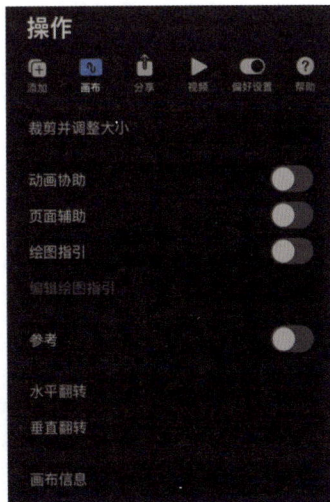

图5-33

点击"裁剪并调整大小"，画布中出现横纵四分网格，如图 5-34 所示。

拖曳画布四周任意灰色粗线，即可调整画布尺寸并显示当前画布尺寸信息，顶部将显示当前画布的可用图层数，如图 5-35 所示。

图5-34

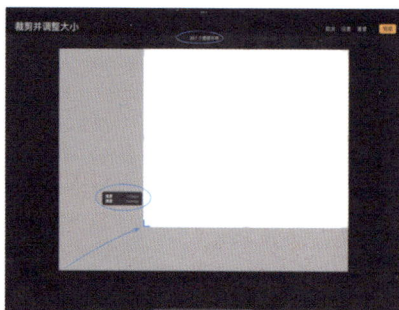

图5-35

调整画布具体尺寸

想将画布尺寸调整为具体的数值，可点击右上角的"设置"，将弹出"设置"面板，其中有当前画布尺寸、DPI和旋转角度等信息，如图5-36所示。

点击尺寸数值（1934px和1644px），即可通过键盘输入新尺寸，如图5-37所示，将宽度和高度均改为2048px后，画布变为正方形。

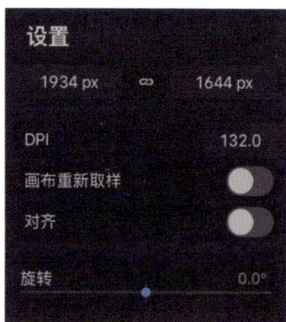

图5-36

图5-37

锁定画布宽高比例

点击宽高数值中间的锁定图标 🔗，当该图标呈蓝色时，如图5-38所示，即可锁定宽高的比例。此时无论怎样调整画布尺寸，宽高比例始终不变。

2. 翻转画布

使用上方的正方形画布，进入"画布"界面，插入素材图片，画布如图5-39所示。

点击"操作>画布"，如图5-40所示，打开画布编辑界面。"水平翻转"表示将画布横向镜像，"垂直翻转"表示将画布纵向镜像。

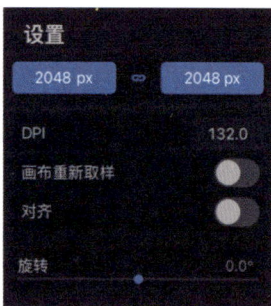

图5-38

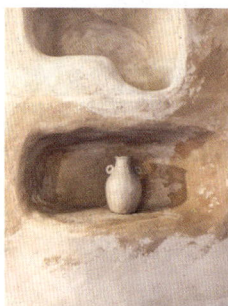

图5-39

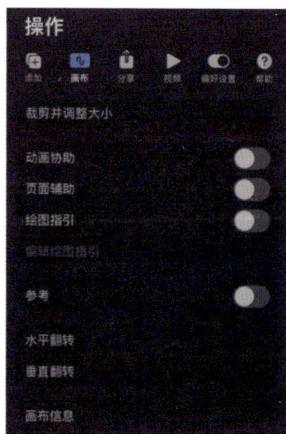

图5-40

分别点击"水平翻转"和"垂直翻转",效果分别如图 5-41 和图 5-42 所示。

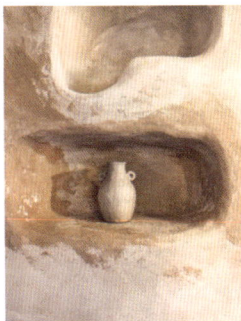

图5-41

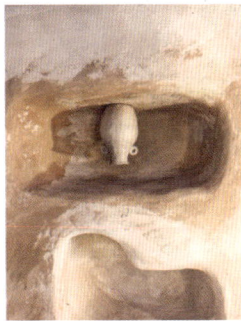

图5-42

5.2.2 动画协助

Procreate 不仅可以用于创作平面图像,还可以用于制作简单的动画。制作动画的基础是"帧",每一帧可以添加不同的画面,每一帧会占据一定时间,通过帧的连续播放,就形成了简单的动画。由于"动画协助"功能较为复杂且需要大量练习才能掌握,因此在聚焦数字绘画的本书中暂不进行详细讲解。

5.2.3 画布辅助

1. 页面辅助

"页面辅助"功能通常用于多页图的绘制或处理,如漫画、系列插图等。点击"操作 > 画布",如图 5-43 所示,打开"页面辅助"功能。

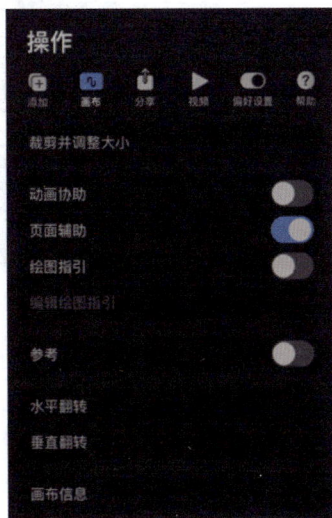

图5-43

"画布"界面下方出现"页面辅助"面板,并以缩略图的形式呈现当前画布情况,如图 5-44 所示。

点击"页面辅助"面板右上角的"新页面",即可创建空白新页面,如图 5-45 所示。

图5-44

图5-45

此时"图层"面板中会出现"第2页"图层，在该图层中作画，图案将出现在第2页中，如图5-46所示。

图5-46

2. 参考

"参考"功能通常用于在界面上建立一个参考图像，在"参考"面板中可以插入画布、图像或面容。点击"画布"，面板中会出现当前画布的缩略图，如图5-47所示。

"图像"是最常用的参考模式，可进行图片的临摹。在"参考"面板中点击"图像"，然后点击"导入图像"，如图5-48所示，即可从相册中导入图片。

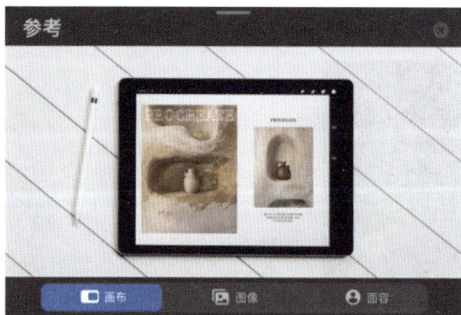

图5-47

图5-48

点击"面容"，前置摄像头拍摄到的面部将显示在面板中，同时画布中的图案会贴合面部走势实时覆盖于面部。该功能可用于面部妆容设计、面部滤镜设计、角色造型设计等。

5.2.4　绘图指引

1. 启动"绘图指引"功能

点击"操作>画布"，在"操作"面板中即可看到"绘图指引"功能，将该功能启动，如图5-49所示。

首次启动"绘图指引"功能时，画布通常会显示网格状辅助线，如图5-50所示。

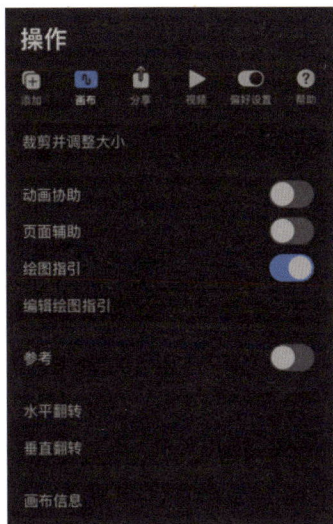

图5-49

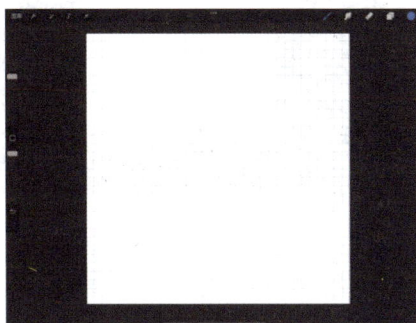

图5-50

在面板中点击"编辑绘图指引"，将进入"绘图指引"界面，如图 5-51 所示。该界面底部共有 4 种绘图指引可选，分别是"2D 网格""等大""透视""对称"，当前网格状辅助线为"2D 网格"绘图指引。该绘图指引下方有滑块分别用于调节"不透明度""粗细度""网格尺寸"，还有"辅助绘图"功能。顶部的彩虹色线条用于调节辅助线的颜色。

2. 网格外观调整

点击界面底部的"2D 网格"，画布中显示网格状辅助线，如图 5-52 所示。

图5-51

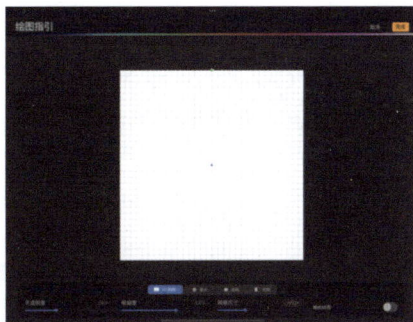

图5-52

不透明度：滑动"不透明度"滑块，可调整辅助线的不透明度，如图 5-53 所示。

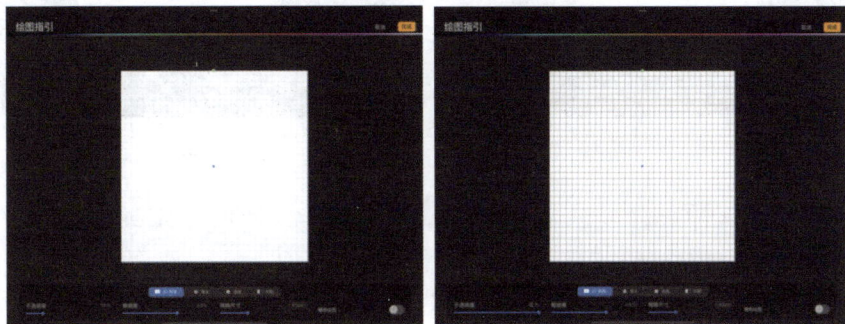

图5-53

粗细度：滑动"粗细度"滑块，可调整辅助线的粗细，如图 5-54 所示。

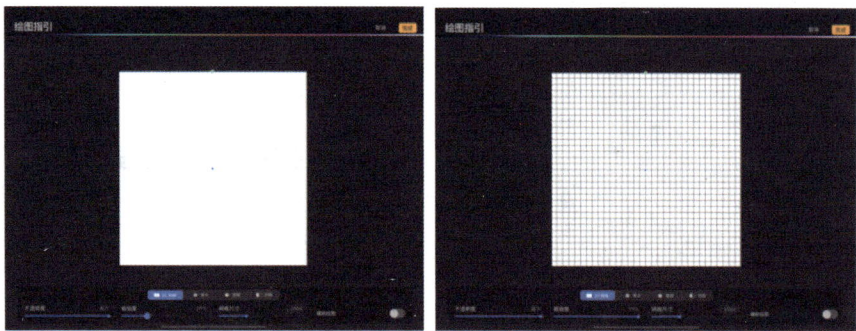

图5-54

网格尺寸：滑动"网格尺寸"滑块，可调整网格的大小，如图 5-55 和图 5-56 所示。

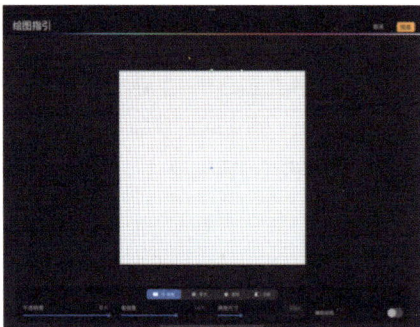

图5-55

图5-56

网格颜色：滑动上方彩虹色线条，可调整辅助线的颜色，如图 5-57 所示。

移动及旋转：画布网格中有一个蓝色圆点，移动该点，即可移动网格（网格移动在 2D 网格中效果不明显）。蓝色圆点上方有一个绿色圆点，拖曳该点，即可调整网格旋转角度，如图 5-58 所示。

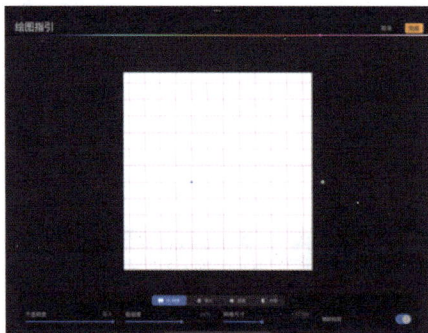

图5-57

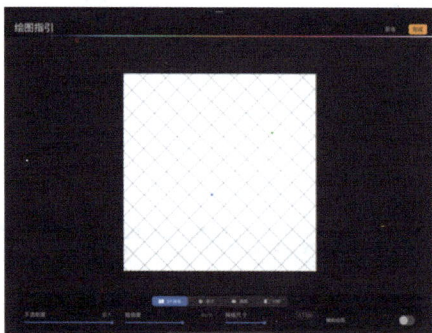

图5-58

3. 认识绘图指引类型

2D 网格

设置好辅助线的参数后，启动底部右边的"辅助绘图"功能并点击右上角的"完成"，即可回到"画布"界面。此时"画布"界面中覆盖着刚才设置的网格，选择任意画笔在画布中绘画，会发现画出的所有线条均与辅助线平行，如图 5-59 所示。

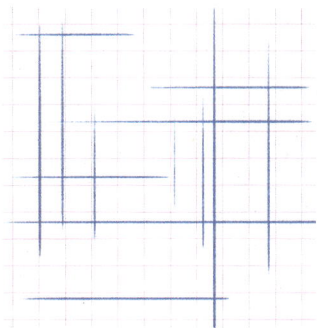

图5-59

等大

点击界面底部的"等大"，画布中显示三角形平铺辅助线，如图 5-60 所示。

将网格调整好后，点击"完成"进入"画布"界面，如图 5-61 所示。

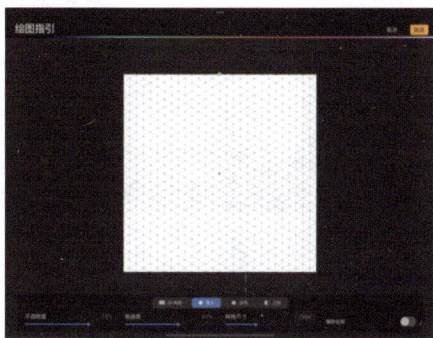

图5-60

图5-61

此时"画布"界面中覆盖着刚才设置的网格，选择任意画笔在画布中绘画，会发现画出的所有线条均与辅助线平行，如图 5-62 所示。

"等大"辅助线非常适合用来辅助绘制城市建筑等线条分明、透视固定的场景，如图 5-63 所示。

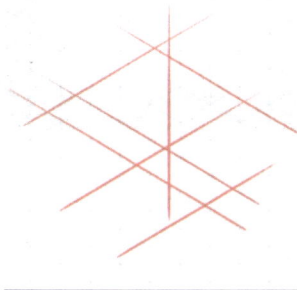

图5-62

图5-63

透视

点击界面底部的"透视"，画布变为空白状态，如图 5-64 所示。

点击画布的任意空白位置，将出现一个"消失点"（透视线汇聚的点），如图 5-65 所示。

再次点击，会出现第二个消失点，如图 5-66 所示。继续点击将会新增消失点。

如果想调整当前消失点的位置，按住已建立的消失点并拖曳即可，如图 5-67 所示。

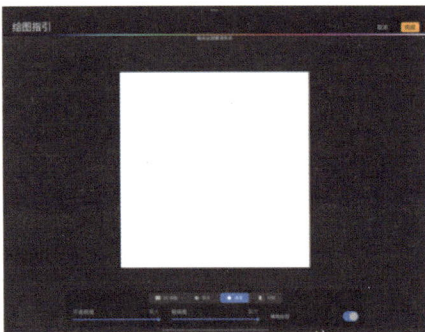

图5-64

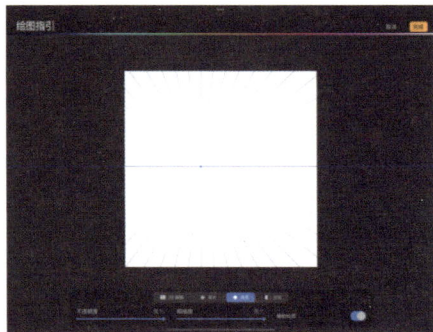

图5-65

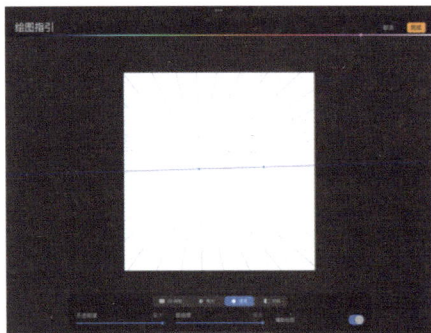

图5-66

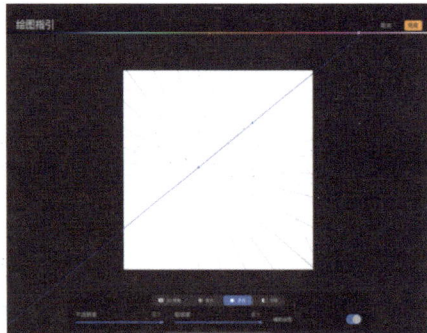

图5-67

　　如果想删除消失点，点击已建立的消失点，旁边将弹出"删除""选择"选项，如图 5-68 所示，点击"删除"即可删掉选中的消失点。

　　建立好所需的透视辅助线后，点击右上角的"完成"，即可回到"画布"界面，如图 5-69 所示。

图5-68

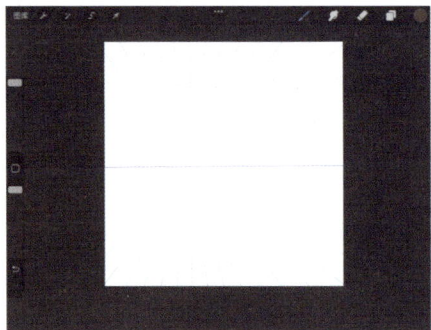

图5-69

　　一点透视、两点透视和三点透视都是较为常用的透视。其中，一点透视的画面透视关系最简单、易把控；两点透视比一点透视更加真实，也是最常用的透视；三点透视最为复杂，但可以呈现出最逼真的画面效果。透视辅助线可以帮助创作者更好地把握画面中物体的造型和透视关系，图 5-70 为两点透视的辅助线运用。

对称

　　点击界面底部的"对称"，界面下方出现"不透明度""粗细度""选项"3 个选项，如图 5-71 所示。

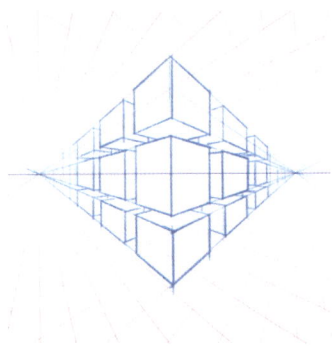

图5-70

点击"选项"，弹出"指引选项"面板，其中共有"垂直""水平""四象限""径向"4 个指引选项，如图 5-72 所示。

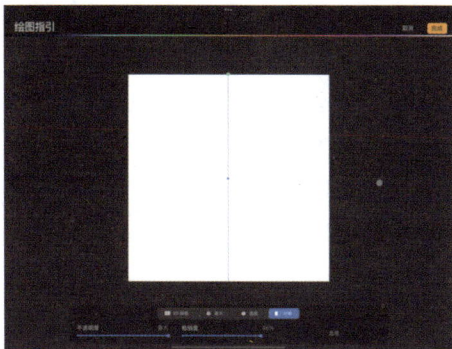

图5-71

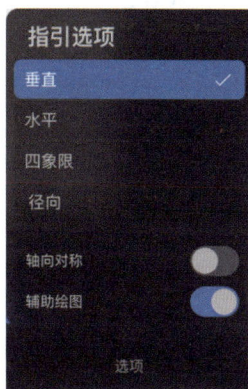

图5-72

垂直：画面根据垂直线等分为两份，在左右任意一半区域绘图，画面左右呈轴对称。

水平：画面根据水平线等分为两份，在上下任意一半区域绘图，画面上下呈轴对称。

四象限：画面依据水平线和垂直线等分为 4 份后，在任意一个区域内绘制图案，另外 3 个区域内会出现一样的图案，它们呈中心对称。

径向：画面依据水平线、垂直线、对角线等分为 8 份后，在任意一个区域内绘制图案，另外 7 个区域内会出现一样的图案，它们呈中心对称。

案例5-2：对称银杏叶

微课视频

效果文件位置：效果文件 >CH05> 案例 5-2：对称银杏叶。

"对称"功能主要用于创作轴对称图形，例如，设置垂直对称后，只在左半边画面绘图，右半边画面会实时生成对称图案，如图 5-73 所示。

步骤 1：新建正方形的画布，在"操作 > 画布 > 绘图指引"中设置垂直对称，并启动"辅助绘图"功能，如图 5-74 所示。

图5-73

图5-74

步骤 2：点击"完成"回到"画布"界面，将画布背景颜色调为灰绿色，如图 5-75 所示。

步骤 3：选择"着墨 > 听盒"画笔，设置尺寸为 100%，不透明度为 100%，颜色选择土黄色，在"图层 1"中绘制一片银杏叶，如图 5-76 所示。注意，开启"对称"功能后，只需绘制半边图形，另一半图形将自动生成。

步骤4：使用同样的画笔设置和颜色，在银杏叶周围用线条勾勒一些稍小的银杏叶，如图5-77所示。

图5-75

图5-76

图5-77

案例5-3：自制径向纹样

微课视频

效果文件位置：效果文件 >CH05> 案例 5-3：自制径向纹样。

"径向"功能主要用于创作中心对称图形，通常可以用来设计窗花、Logo 等图案。本案例将对"径向"这一功能进行实践，如图 5-78 所示。

步骤1：新建正方形的画布，在"操作 > 画布 > 绘图指引"中设置径向对称，并启动"辅助绘图"功能，如图 5-79 所示。

图5-78

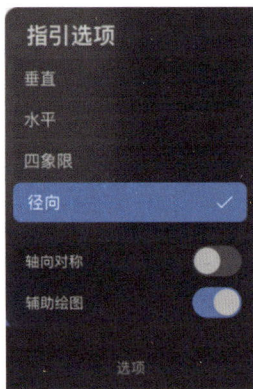

图5-79

步骤2：点击"完成"后回到"画布"界面，将画布背景调整为黑色，如图5-80所示。

步骤3：选择"着墨 > 技术笔"画笔，设置尺寸为100%，不透明度为100%，颜色选择黄灰色，在任意一个区域中绘制一段折线，即生成图 5-81 所示的图案。

步骤4：在任意一个区域中继续添加线条，生成图5-82所示的图案。

图5-80

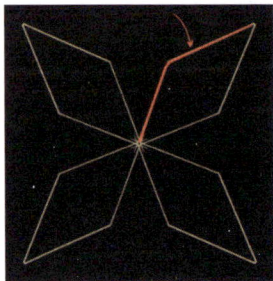

图5-81

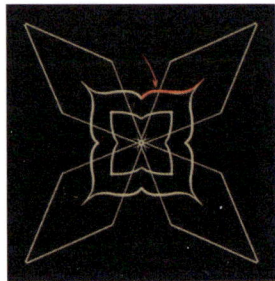

图5-82

步骤 5：添加线条或进行填色（可自由发挥），画布中将生成中心对称的纹样，如图 5-83 所示。

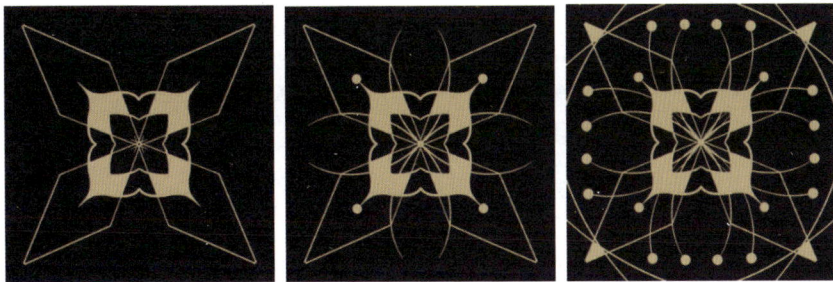

图5-83

5.3 分享

使用 Procreate 的分享功能可以将作品以不同文件格式导出，并利用 iPad 中安装的传输工具，如邮件、AirDrop 等快速分享给他人。认识不同文件格式和掌握分享方法是读者学习本节的重点。

5.3.1 分享图像

"分享图像"功能主要用于导出单张画作，Procreate 中的导出格式支持导出多种文件。

1. 认识文件格式

Procreate 中的"分享图像"共有 6 种文件格式可选，如图 5-84 所示。

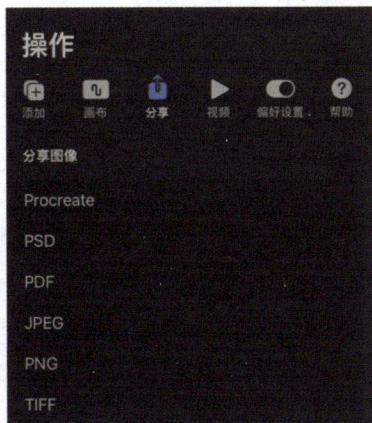

图5-84

- Procreate：用于 Procreate，可保存图层等信息。
- PSD：主要用于 Adobe Photoshop，可保存图层等信息。
- PDF：主要用于保存图文文件和交付印刷。
- JPEG：最常见的图片格式，可以用较少的空间保存较高质量的图片。

- PNG：常见的图片格式，支持透明色彩，通常对于同一图像，PNG 格式比 JPEG 格式质量高、占用空间大。
- TIFF：图像存储信息最全面，图像质量最高，但占用空间大，用于专业印刷。

2. 选择文件格式

基于不同文件格式的特性，我们可以简单对文件格式的选择进行归纳。

无透明色的普通图像：选择 JPEG 或 PNG（PNG 质量更高、文件更大）。

有透明色的图像：选择 PNG。

传输到别的 iPad 中继续创作：选择 Procreate。

传输到 Adobe Photoshop 中继续创作：选择 PSD。

图文文件交付印刷：选择 PDF。

高质量图片交付印刷：选择 TIFF。

3. 分享图像的操作方法

点击"操作 > 分享"，在"操作"面板中的"分享图像"下方选择需要的文件格式，如图 5-85 所示。

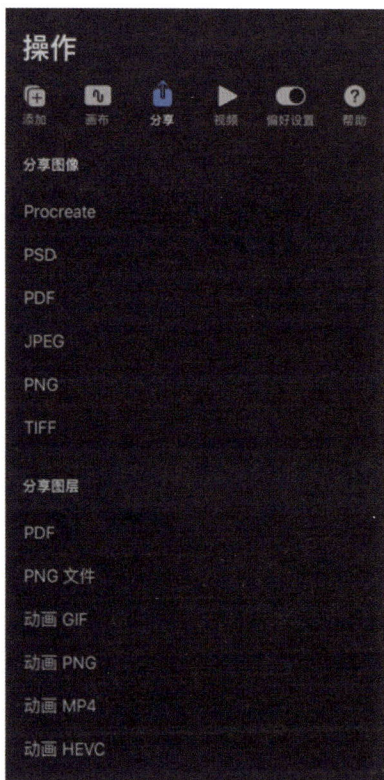

图5-85

选择格式后，界面中将显示"正在导出"图标，并在完成后显示对钩图标，如图 5-86 所示。

导出成功后弹出分享途径界面，其中包含 AirDrop、邮件、微信等设备中安装的传输工具，如图 5-87 所示，点击需要的传输途径即可。

图5-86

图5-87

5.3.2 分享图层

"分享图层"功能主要用于导出多页的文档和动画。

1. 认识文件格式

Procreate 中的"分享图层"共有 6 种文件格式可选，如图 5-88 所示。

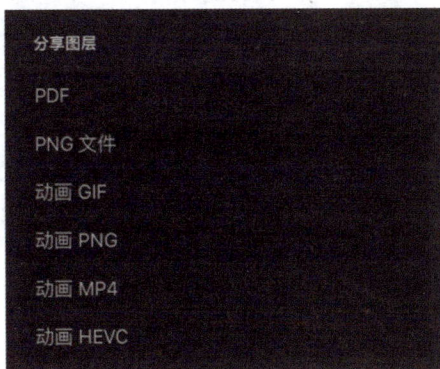
图5-88

- PDF：分页导出图层，每个图层一页，形成一份多页的 PDF 文档。
- PNG 文件：分别导出图层，每个图层一张 PNG 图像，形成一个包含多张 PNG 图像的文件夹。
- 动画 GIF：将图层转化为帧，导出为动图。
- 动画 PNG：将图层转化为帧，导出为动图，可包含透明色。
- 动画 MP4：将图层转化为帧，导出为视频。
- 动画 HEVC：将图层转化为帧，导出为视频，但质量比 MP4 文件高，占用空间也更大。

> 提示
>
> 在"分享图层"中，只有设置为可见的图层才会被导出，设置为隐藏的图层将被忽略。

2. 选择文件格式

基于不同文件格式的特性，我们可以简单对文件格式的选择进行归纳。

导出多页文件：选择 PDF。

导出分页文件夹：选择 PNG 文件。

导出动图：选择动画 GIF。

导出带透明色的动画：选择动画 PNG。

导出视频：选择动画 MP4 或动画 HEVC（后者占用空间更大）。

3. 分享图层的操作方法

点击"操作 > 分享"，在"操作"面板中的"分享图层"下方选择需要的文件格式，如图 5-89 所示。

选择格式后将弹出分享途径界面，其中包括 AirDrop、邮件、微信等设备中安装的传输工具，如图 5-90 所示，点击需要的传输途径即可。

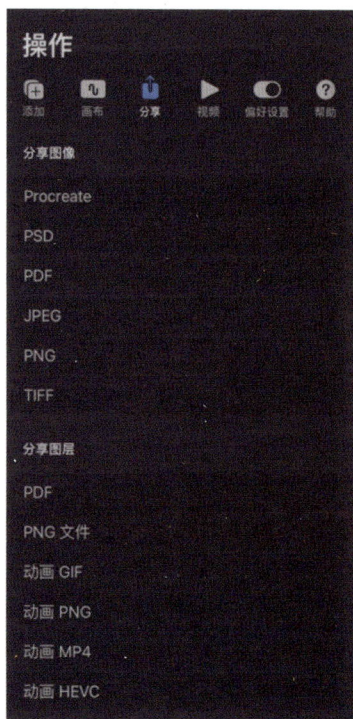

图5-89

图5-90

5.4 视频

Procreate 中的"视频"功能主要用于将作画的过程以缩时视频的方式记录下来，并分享给他人，该功能可用于数字绘画过程教学。

5.4.1 录制缩时视频

点击"操作 > 视频"，"操作"面板如图 5-91 所示。其中"录制缩时视频"功能通常默认处于启动状态，只有启动了该功能，作画过程才能被录制下来。

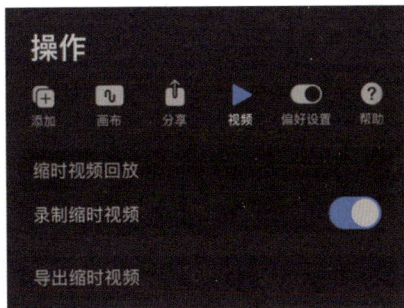

图5-91

5.4.2　缩时视频回放

点击"操作 > 视频 > 缩时视频回放"，即可在创作界面中查看缩时视频，如图 5-92 所示。

屏幕上方的计时器显示视频时长和播放进度，用手指或笔尖在屏幕上左右拖曳，如图 5-93 所示，可调整视频播放进度，看完视频后点击右上角的"完成"按钮可回到创作界面。

图5-92

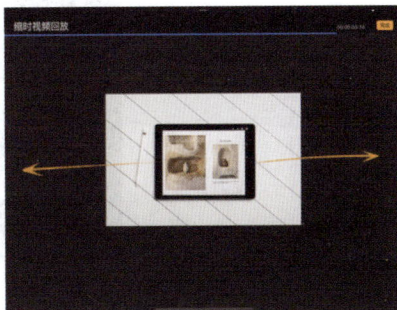

图5-93

5.4.3　导出缩时视频

点击"操作 > 视频 > 导出缩时视频"，会弹出"全长"和"30 秒"两个时长选项，如图 5-94 所示。

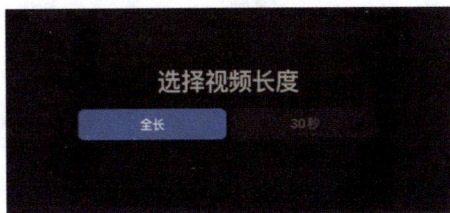

图5-94

点击"全长"，会将完整的作画过程导出为一个加速视频，视频时长通常较短。点击"30 秒"，会自动剔除一些镜头，将视频剪辑成 30 秒时长。有时无法点击"30 秒"，是因为作画时间较短，缩时视频不足 30 秒。

5.5 偏好设置

在 Procreate 的"偏好设置"栏中,可以更改软件界面、调整画笔的压力、将画布进行投屏并设置个性化的快捷手势,从而让创作更加便捷、高效。

5.5.1 显示偏好设置

1. 深色/浅色界面

点击"操作 > 偏好设置","偏好设置"栏顶端为"浅色界面"选项,如图5-95 所示。

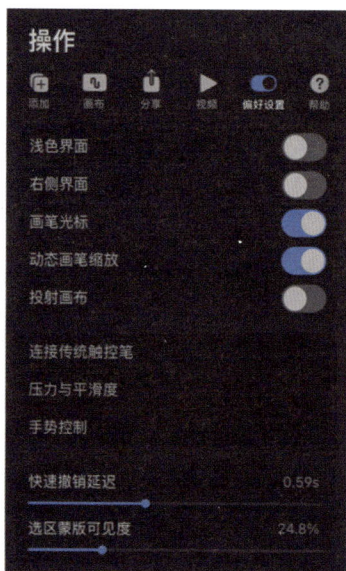

图5-95

关闭"浅色界面"功能时,表示开启深色界面,界面的背景颜色和各面板为深灰色;开启"浅色界面"功能时,界面的背景颜色和各面板为浅灰色,如图 5-96 所示。

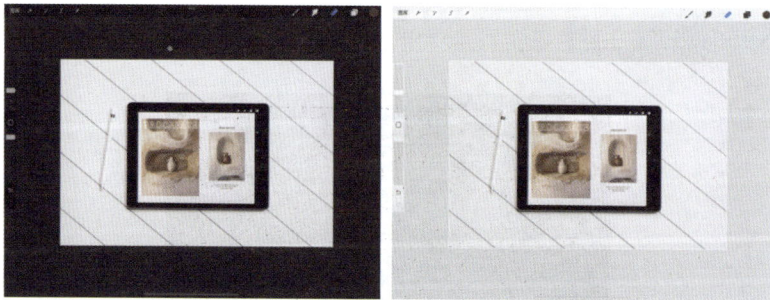

图5-96

2. 左侧/右侧界面

点击"操作 > 偏好设置",在"偏好设置"栏中开启与关闭"右侧界面"功能,可切换侧边工具栏的位置,使其分别位于界面的左侧和右侧,如图 5-97 和图 5-98 所示。

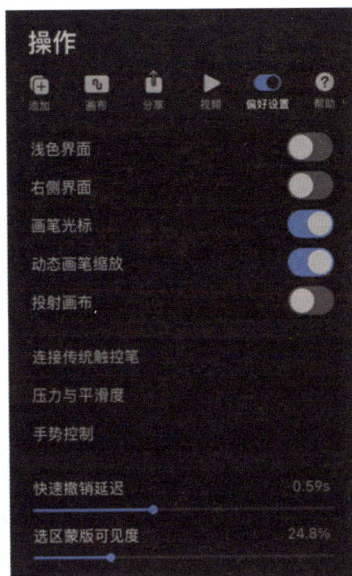

图5-97

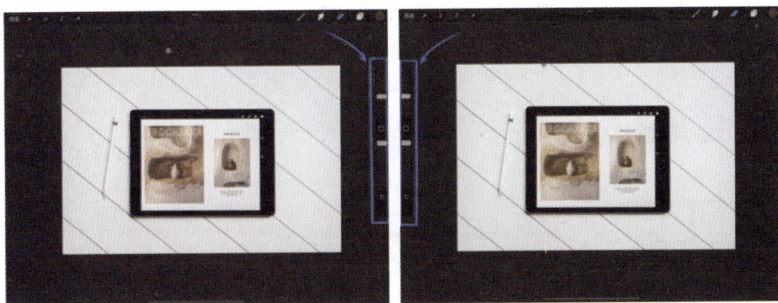

图5-98

3. 画笔光标

点击"操作 > 偏好设置"，在"偏好设置"栏中开启"画笔光标"功能，如图 5-99 所示。

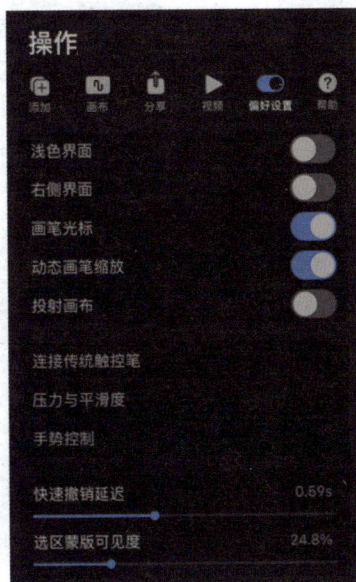

图5-99

开启"画笔光标"功能后，在笔尖触碰画布的同时，创作者可预览画笔的模样。

4. 动态画笔缩放

画笔缩放是指画笔的尺寸会随着画布的放大或缩小同步变化，画布越大，画笔尺寸也越大，如图 5-100 所示。如果不希望画笔尺寸同步变化，则关闭"动态画笔缩放"功能即可。

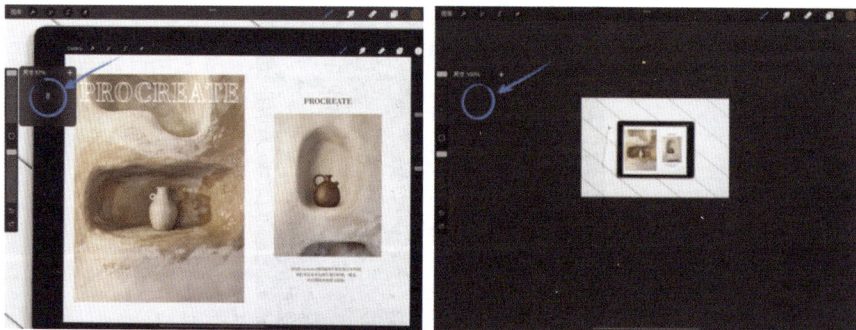

图5-100

5. 投射画布

"投射画布"功能可将画布内容投射至其他显示屏上，投射画布的显示屏将全屏显示画布内容，隐藏周围界面和弹出面板，且无缩放变化。该功能适合用于通过大屏幕观察画面细节或课堂投屏示范。

5.5.2 画笔偏好设置

1. 连接传统触控笔

如果使用的触控笔不是 Apple Pencil，则可通过"连接传统触控笔"功能连接其他触控笔。点击"操作 > 偏好设置 > 连接传统触控笔"，如图 5-101 所示。

"连接触控笔"面板上会显示可连接的触控笔品牌，如图 5-102 所示。点击对应的触控笔品牌，并打开设备的蓝牙，即可与对应触控笔连接。

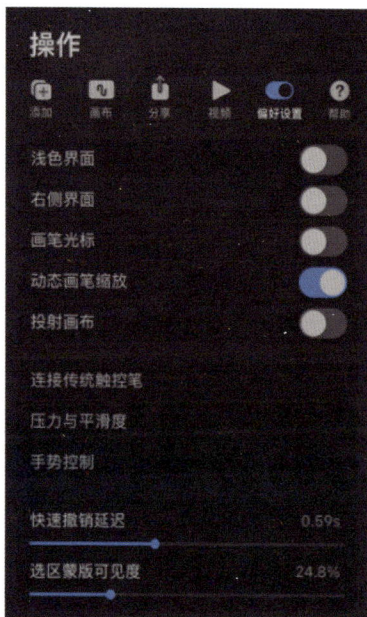

图5-101

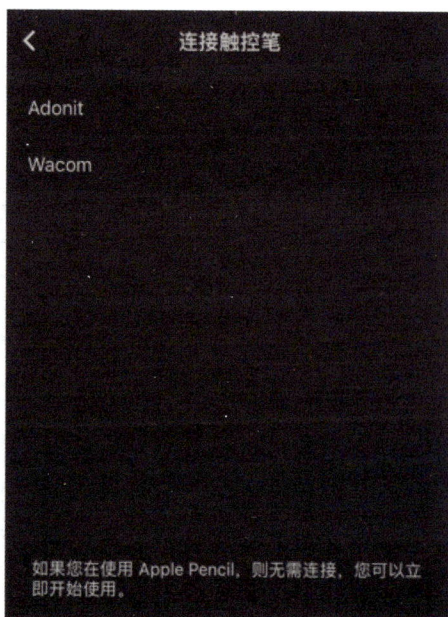

图5-102

2. 压力与平滑度

"压力与平滑度"功能用于调整下笔的稳定性、压力变化和线条的平滑度，可以过滤手部的抖动。点击"操作 > 偏好设置 > 压力与平滑度"，会进入"压力与平滑度"面板，如图5-103所示。

* 稳定性："稳定性"数值越大，笔画将越顺畅、平直，下笔速度越快，笔画也会越平滑。

* 动作过滤：同样可对笔画起到平滑作用，相比于"稳定性"，"动作过滤"可针对性地处理笔画中异常的抖动，并不修正正常的线条。

* 动作过滤表达："动作过滤表达"和"动作过滤"两个功能互相牵制，"动作过滤表达"用于修正因"动作过滤"导致的笔画过于平直的问题，可适当还原笔画的个性。

* 笔尖跟随：用于确定笔画起始点与落笔位置的关系。启用该功能时，笔画起始点与落笔位置保持一致；关闭该功能时，将通过计算多个笔画起始点的平均位置来确定落笔位置。对于有手部震颤的创作者来说，关闭"笔尖跟随"功能可以更好地确定落笔位置。

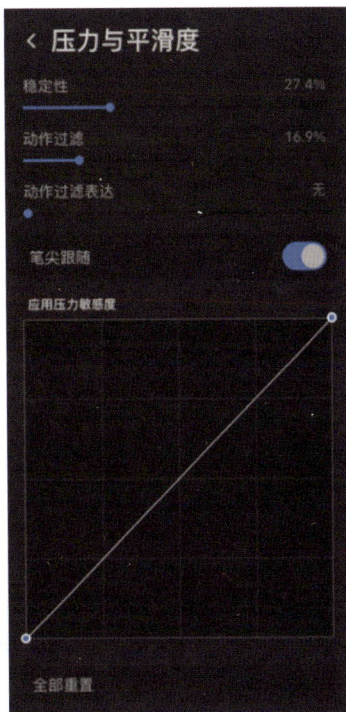

图5-103

5.5.3 手势控制偏好设置

1. 手势控制设置

点击"操作 > 偏好设置 > 手势控制"，进入"手势控制"面板，在面板中可以开启或停用不同的手势控制，或设置个性化的功能手势控制，如图5-104所示。

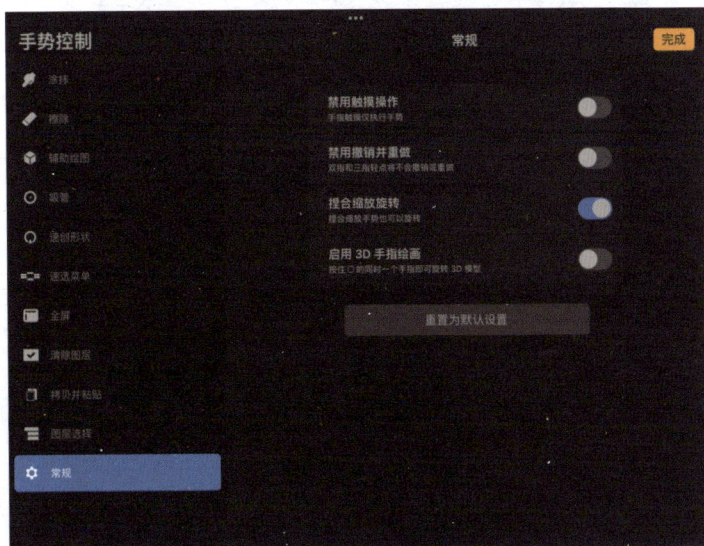

图5-104

"手势控制"面板中的内容非常丰富，且均有清晰的文字解释。这里主要针对常用的手势控制进行总结。

* 速创形状：启动"触摸并按住"功能，即可将绘制的图形自动转换成几何形状。

- 吸管：设为"轻点"或"Apple Pencil 轻点两下"，即可快速打开吸色环。
- 全屏：启动"四指轻点"功能，在四指点击后，会全屏展示。
- 清除图层：启动"触摸"功能，即可 3 个手指前后擦除图层所有内容。
- 常规：关闭"启用手指绘画"功能后，手指将无法在画布上绘图、擦除、涂抹，但仍可以操作其他功能。

> **提示**
>
> 同一个快捷手势只能对应一种功能，一个快捷手势不可对应两种功能。

2. 快速撤销延迟

"快速撤销"是指双指长按画布，快速撤销之前的一系列操作。通过"快速撤销延迟"滑块可以调整"快速撤销"需要的延迟时间，调节范围为 0 ~ 1.5 秒，如图 5-105 和图 5-106 所示。

图5-105

图5-106

3. 选区蒙版可见度

"选区蒙版可见度"是使用选取工具时的辅助功能，当使用选取工具选择画布的某个部分后，未选中区域将被覆盖动态斜线。拖曳"选区蒙版可见度"滑块可以调节该区域覆盖斜线的不透明度，如图 5-107 所示。

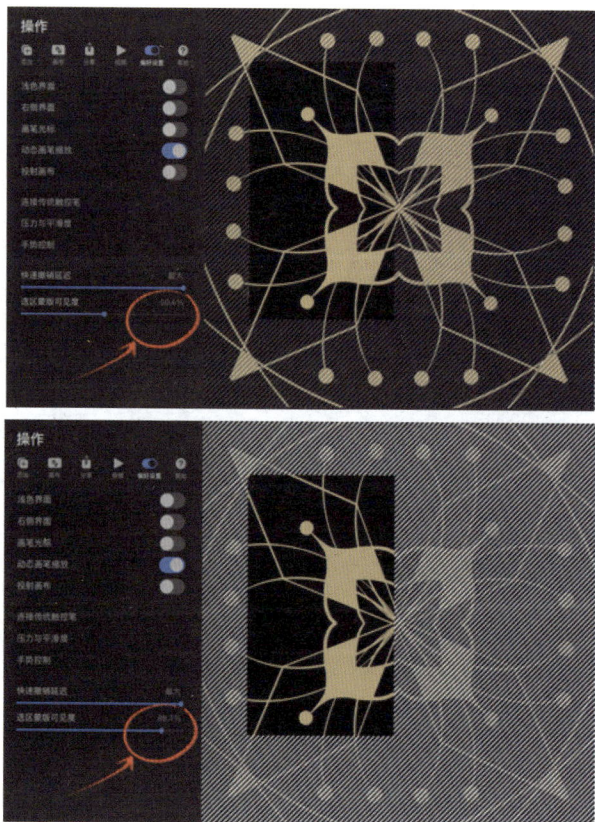

图5-107

5.6 本章小结

本章讲解了 Procreate "操作"面板中的一系列功能。图文添加相关功能可以满足创作者进行图片处理和图文排版的需求；画布处理相关功能使创作者在作画中也能够调节画布参数，并以辅助线、参考图等方式进行辅助创作；分享功能可以依据创作者需求导出不同的作品文件并与他人分享；视频相关功能使创作者可以录制作画过程并导出合适时长的视频；偏好设置相关功能使创作者可以对软件界面、画笔及手势进行个性化的设计，从而进一步提高创作效率。"操作"面板中的功能虽和绘画没有直接关系，但这些基础功能对于数字绘画必不可少。

5.7 课堂练习：建筑文字

微课视频

素材文件位置：素材文件 >CH05> 课堂练习：建筑文字。
效果文件位置：效果文件 >CH05> 课堂练习：建筑文字。

本练习将综合使用画布裁剪、图片添加、文字添加、文字样式编辑等功能，案例效果如图 5-108 所示。

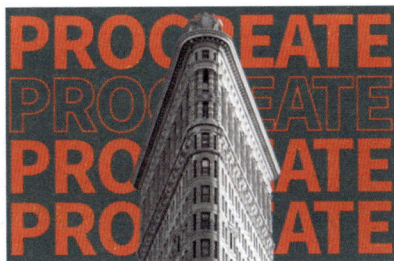

图5-108

步骤1：进入 Procreate，点击"照片"并选择本练习的建筑素材，此时画布如图 5-109 所示。
步骤2：将画布的背景调整为蓝绿色，如图 5-110 所示。
步骤3：点击"操作 > 画布 > 裁剪并调整大小"，将画布顶端多余的部分裁掉，如图 5-111 所示。

图5-109

图5-110

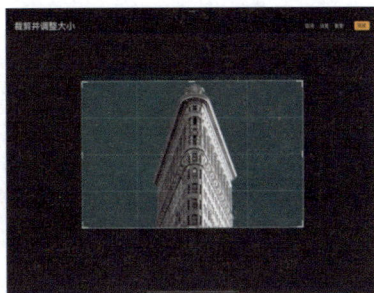

图5-111

步骤 4：点击"操作 > 添加 > 添加文本"，输入文本内容"PROCREATE"，将"字体"设置为"Source Han Sans"，"样式"设为"Heavy"，"尺寸"设为 118.0pt，"字距"设为 -5.5%，开启字母大写，其余设置保持默认，如图 5-112 所示。

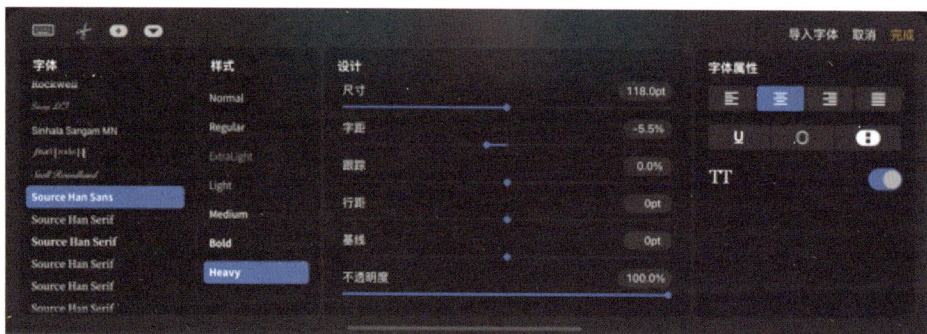

图5-112

步骤 5：将设置好的文本移动至画布顶端，并将文本图层移动至建筑图层的下方，如图 5-113 所示。

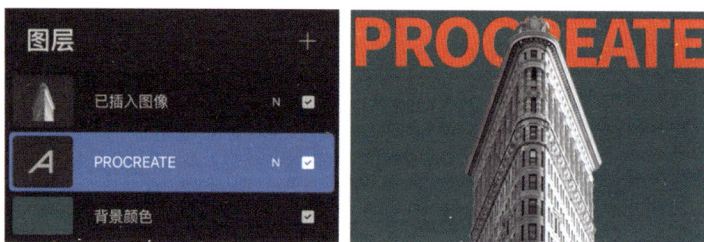

图5-113

步骤 6：使用相同的方法插入第二个"PROCREATE"文本并设置为空心字，将该文本置于第二行，如图 5-114 所示。

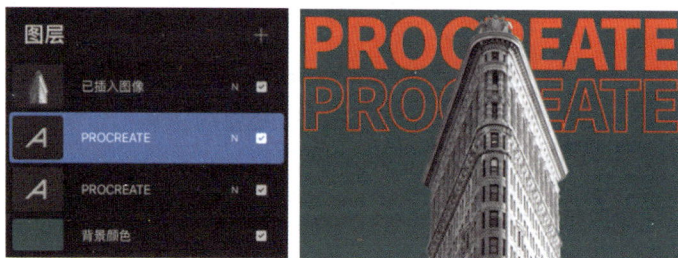

图5-114

步骤 7：使用相同的方法再插入两行文本并分别置于第三行和第四行，如图 5-115 所示。

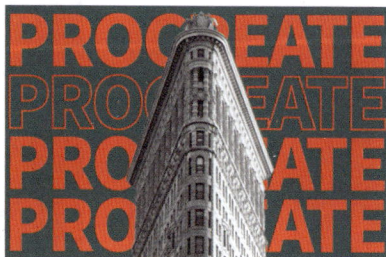

图5-115

步骤 8：排版完成后，点击"操作 > 分享 > 分享图像"，并选择"JPEG"格式，如图 5-116 所示，将图像保存在本地相册。

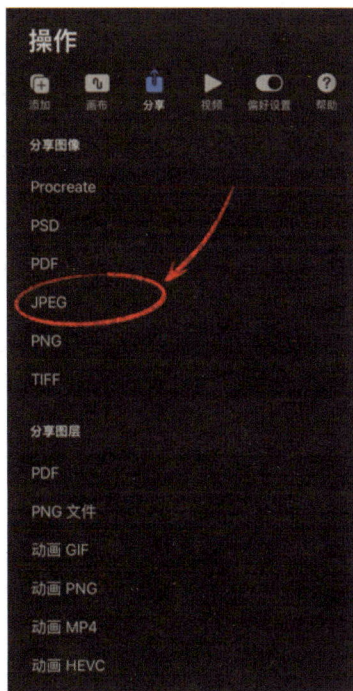

图5-116

5.8 课后练习

微课视频

素材文件位置：素材文件 >CH05> 课后练习

灵活应用本章所学知识，依照素材临摹完成作品，效果如图 5-117 所示。

图5-117

第6章

调整

本章将讲解Procreate的"调整"面板中的一系列功能。
本章学习目标如下。
（1）理解画面色彩关系的基本概念并掌握色彩调节的方法。
（2）了解3种模糊效果的区别并学会应用模糊功能。
（3）认识不同的风格化效果并掌握使用方法。
（4）掌握两项形变功能。

本章知识结构

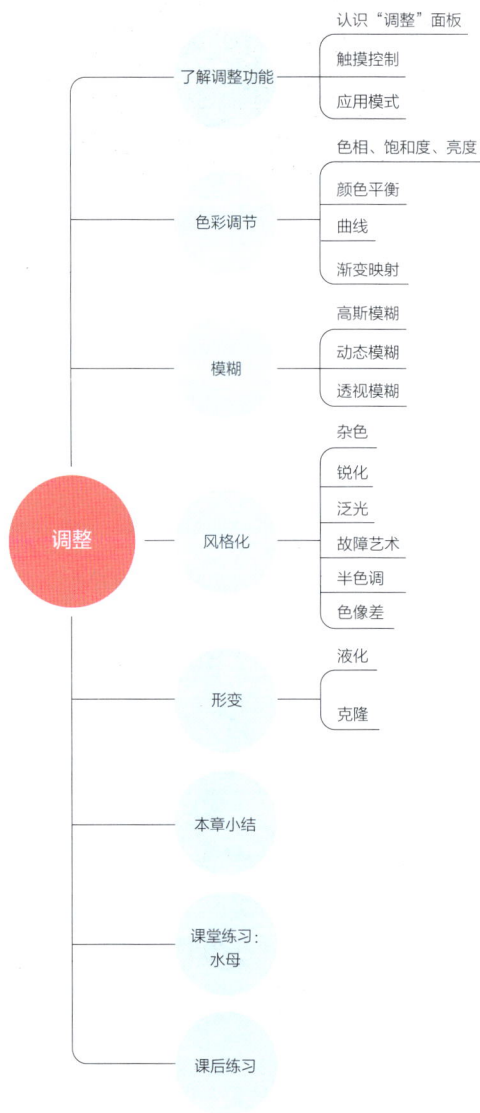

调整
- 了解调整功能
  - 认识"调整"面板
  - 触摸控制
  - 应用模式
- 色彩调节
  - 色相、饱和度、亮度
  - 颜色平衡
  - 曲线
  - 渐变映射
- 模糊
  - 高斯模糊
  - 动态模糊
  - 透视模糊
- 风格化
  - 杂色
  - 锐化
  - 泛光
  - 故障艺术
  - 半色调
  - 色像差
- 形变
  - 液化
  - 克隆
- 本章小结
- 课堂练习：水母
- 课后练习

Procreate 的"调整"面板主要用于对已绘制的画面或添加的图片进行调整，"调整"面板中的十余项功能可分为色彩调节和滤镜两大类，进一步可细分为色彩调节、模糊效果、风格化和形变 4 类。色彩调节功能主要用于调节画面的明暗和色彩效果，3 种模糊效果用于为画面创造不同的模糊效果，"故障艺术""半色调"等风格化特效用于为画面创造炫酷效果，两种形变功能则用于对画面内的形状进行调整。

6.1 了解调整功能

Procreate 的"调整"面板包括 Photoshop 等图片处理软件的部分简单功能，因此可以将调整功能理解为一系列针对数字绘画的美图工具。

6.1.1 认识"调整"面板

进入"画布"界面，点击"调整"图标 ，弹出"调整"面板，如图 6-1 所示。

"调整"面板将其功能自动分为 4 个板块。第一板块是色彩调节，第二板块是模糊，第三板块是风格化，第四板块是形变，如图 6-2 所示。

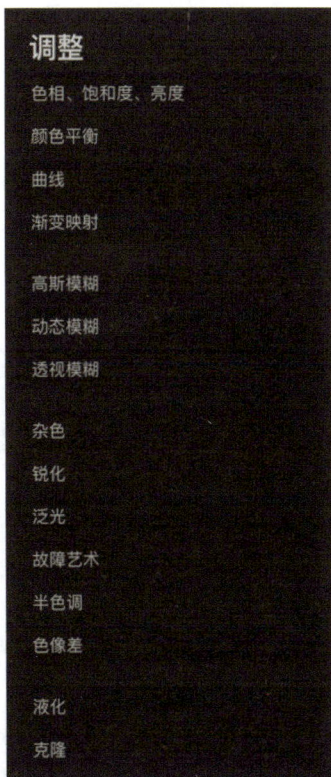

图6-1

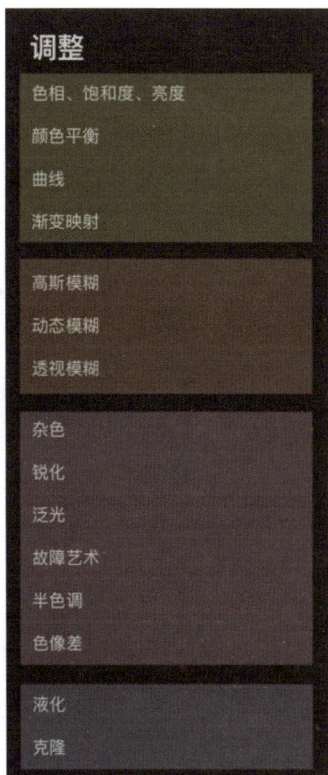

图6-2

点击任意一项即可启动对应功能，通常功能界面下方会弹出对应工具栏，创作者可根据调整操作实时预览变化效果。

6.1.2 触摸控制

启动任意调整功能后，界面顶部都会出现效果强度百分比和蓝色长条，实时显示当前效果强度。用手指在屏幕中左滑可减弱效果，右滑可增强效果，如图6-3所示。

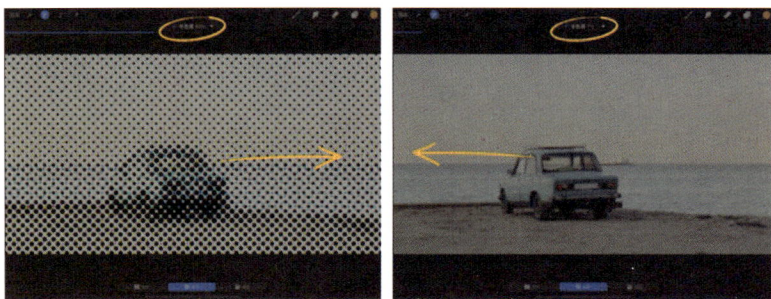

图6-3

6.1.3 应用模式

调整功能有两种应用模式：图层和Pencil。"图层"应用模式是指当前调整效果会直接应用于整个图层内的绘制内容，"Pencil"应用模式是指当前调整效果会应用于之后绘制的内容。

以"调整>半色调"功能的界面为例，开启该调整功能时，界面如图6-4所示。

点击顶部"半色调0%"右边的三角形图标▼，下方显示"图层""Pencil"两种应用模式，如图6-5所示，点击需要的应用模式即可。

图6-4

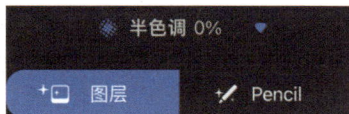

图6-5

> **提示**
>
> "液化"和"克隆"两项功能仅支持"图层"应用模式，不支持"Pencil"应用模式。

案例6-1：故障艺术

1. Pencil

素材文件位置：素材文件 >CH06> 案例 6-1：故障艺术。
效果文件位置：效果文件 >CH06> 案例 6-1：故障艺术。

步骤1：将素材图片保存至 iPad 的文件夹中，然后打开 Procreate 并打开该图片，使其成为画布，如图6-6所示。

微课视频

Procreate数字绘画实战教程（全彩微课版）

步骤2：点击"调整 > 故障艺术"，此时界面如图6-7所示。

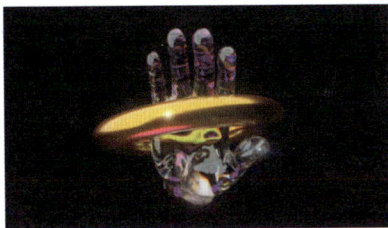

图6-6

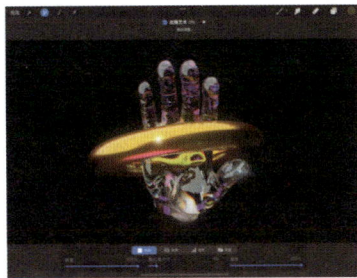

图6-7

步骤3：点击顶部"故障艺术0%"右侧的三角形图标█，点击"Pencil"，并在界面中向右拖曳滑块将"故障艺术"效果强度调整为50%，如图6-8所示。

步骤4：选择"着墨 > 听盒"画笔，将尺寸设置为100%，不透明度设置为100%，颜色任意，在画布中任意涂鸦，下笔处将呈现"故障艺术"的效果，如图6-9所示。

图6-8

图6-9

2. 图层

步骤1：继续使用图6-9所示的文件，点击顶部"故障艺术0%"右侧的三角形图标█，点击"图层"并将效果强度调节至50%，如图6-10所示。

步骤2：此时会发现整张图片都呈现"故障艺术"效果，如图6-11所示。将该图片与Pencil练习中的图片做对比，可以直观地看出两种应用模式的区别。

图6-10

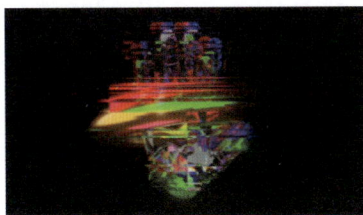

图6-11

6.2 色彩调节

Procreate的"调整"面板中的前四项功能均用于色彩调节，通过这些功能，创作者可以对画面的明暗关系、色彩关系和整体色调进行调节。通过这一节的学习，读者不仅可以掌握色彩调节功能，还可以了解画面色彩关系的常用概念。

6.2.1 色相、饱和度、亮度

1. 色相

色相决定画面的整体色调。不同的色调会给人不同的感觉，红色、橙色等往往给人以热烈、温暖的感觉，蓝色、绿色等往往给人以冷静、清凉的感觉。画面的色调还会传递出其他信息，如黄色传达出老旧感，湛蓝色让人联想到天空或海洋。合理运用色相调节功能，可以辅助画面氛围的表达。

案例6-2：景观车

素材文件位置：素材文件 >CH06> 案例 6-2：景观车。

步骤 1：将素材图片保存至 iPad 相册中，在 Procreate 中打开该图片，使其成为画布，如图 6-12 所示。

步骤 2：点击"调整"图标 ，点击"调整色相、饱和度、亮度"，界面底部出现 3 个效果强度滑块，顶部出现功能名称，如图 6-13 所示。

图6-12

图6-13

步骤 3：点击"图层"应用模式，拖曳"色相"滑块，会发现画面的整体色调随着滑块位置的变化发生变化，如图 6-14 所示。

图6-14

步骤 4：点击界面中的其他工具，即可退出该功能界面。

2. 饱和度

步骤 1：饱和度决定颜色的鲜艳程度。饱和度会影响画面的"情绪"，越鲜艳的画面往往视觉刺激性越强，显得活泼或张扬；越灰的画面往往视觉效果越内敛，显得冷静或忧郁。

步骤 2：继续使用素材图片作为画布，点击"调整 > 色相、饱和度、亮度"，拖曳界面底部的"饱和度"滑块。饱和度越高，画面颜色越鲜艳；饱和度越低，画面越灰，如图 6-15 所示。

图6-15

3. 亮度

步骤1：亮度决定画面的明暗。明暗同样会影响画面传达的氛围，通常暗色意味着负面、沉重，亮色意味着正面、积极。

步骤2：继续使用素材图片作为画布，点击"调整 > 色相、饱和度、亮度"，拖曳界面底部的"亮度"滑块。亮度越高，画面整体越明亮；亮度越低，画面越昏暗，如图 6-16 所示。

图6-16

6.2.2 颜色平衡

色彩调节板块中的"颜色平衡"功能同样可用于调节画面的色相，但其调节更加细致。

案例6-3：东南亚风格

> 素材文件位置：素材文件 >CH06> 案例 6-3：东南亚风格。
> 效果文件位置：效果文件 >CH06> 案例 6-3：东南亚风格。

步骤1：在 Procreate 中打开素材图片，使其成为画布，如图 6-17 所示。

微课视频

图6-17

步骤2：点击"调整 > 颜色平衡"，打开"颜色平衡"界面，界面底部出现 3 个滑块，如图 6-18

119

所示，顶部是功能名称和应用模式。

图6-18

步骤3：底部的3个滑块两端的颜色分别是补色关系：青色－红色，紫红－绿色，黄色－蓝色。将第一个滑块向"青色"拖曳，会发现画面整体偏向青色，原本青色部分的饱和度将变高，如图6-19所示。

步骤4：滑块右侧的 图标表示当前调节的画面部分，点击该图标，弹出"阴影""中间调""高亮区域"3个选项，如图6-20所示。

步骤5：点击"高亮区域"，即可针对画面的亮色部分进行调节，此时将第3个滑块向"黄色"拖曳，会发现画面的亮部整体偏向黄色，有一种复古感，如图6-21所示。"中间调"和"阴影"的调节同理。

图6-19

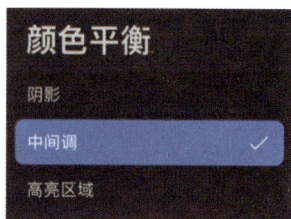
图6-20

图6-21

6.2.3 曲线

"曲线"功能常用于调节图像明暗关系和色彩关系。

1. 认识曲线

素材文件位置：素材文件＞CH06＞6.2曲线。

打开素材图片作为画布，点击"调整＞曲线"打开曲线界面，可见曲线、直方图及4种调节通道，如图6-22所示。

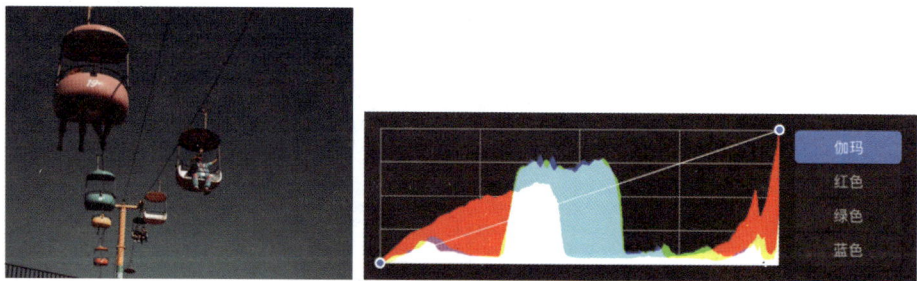

图6-22

曲线

初始状态的曲线自左下连接到右上，可以将其生成的矩形区域理解为一个坐标系。横轴表示画面当前颜色的亮暗部分，曲线左边代表画面颜色深的部分，右边代表画面颜色亮的部分；纵轴表示画面对应位置的亮度，离原点越近画面越暗，离原点越远画面越亮，如图6-23所示。

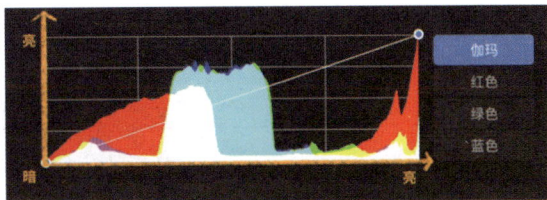

图6-23

直方图

直方图呈现画面中红色、绿色、蓝色三色的分布区域和比例，例如，在图 6-24 中，明显可见蓝色占比较多且亮度适中，缆车上的红色分为亮色和暗色，所以直方图中部出现大面积蓝色，左侧和右侧分别出现少量红色。

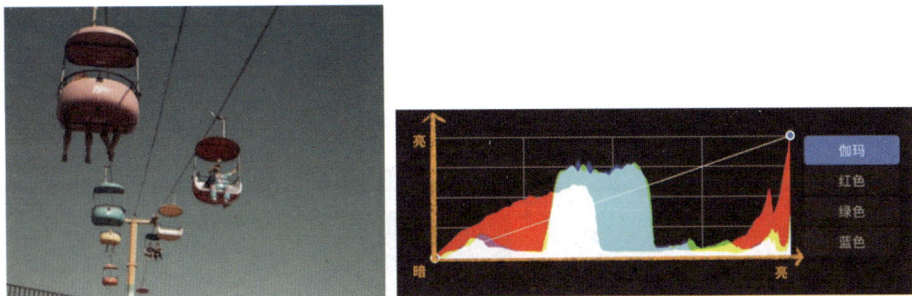

图6-24

除红色、绿色、蓝色三色外，直方图中的白色是三色叠加的颜色，黄色是红色和绿色叠加的颜色，紫色是红色和蓝色叠加的颜色，青色是绿色和蓝色叠加的颜色。

点击"伽玛"可同时调节红色、绿色、蓝色三色通道；点击"红色""绿色""蓝色"，可单独调节画面中的对应颜色。

2. 调节曲线

调节曲线可以改变画面的明暗对比和色彩倾向。在图 6-25 中，右图为原图，左图为调节曲线后的效果。

图6-25

节点

点击"伽玛"，点击曲线任意位置，即可建立一个节点，如图 6-26 所示。

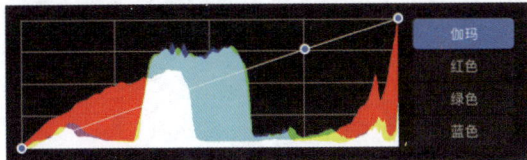

图6-26

按住节点并拖曳，即可移动节点从而调节画面。例如，在曲线左侧（画面暗部）建立节点并向下拖曳，会发现画面的暗部变得更暗，如图 6-27 所示。

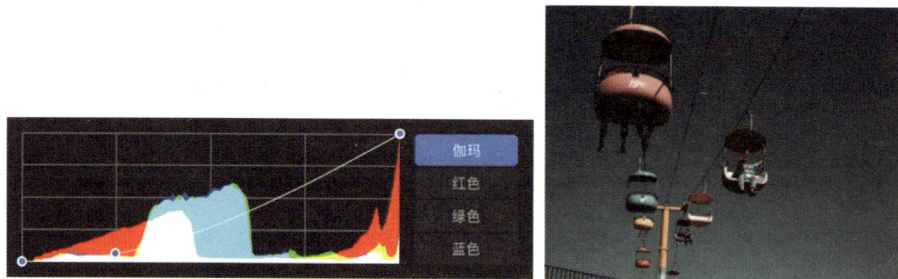

图6-27

在曲线右侧（画面亮部）建立节点并向上拖曳，会发现画面亮部变得更亮，如图 6-28 所示。

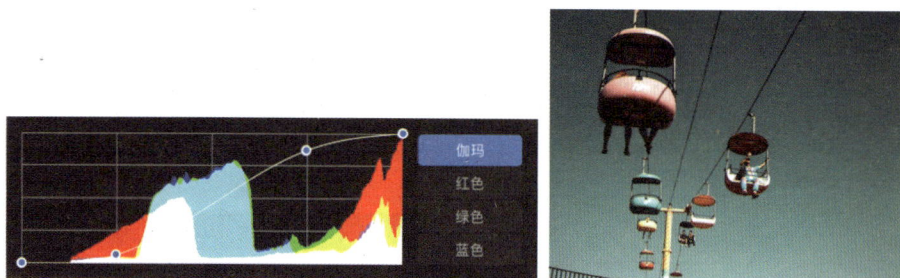

图6-28

要删除已建立的节点，点击节点，在弹出的选项中点击"删除"即可，如图 6-29 所示。

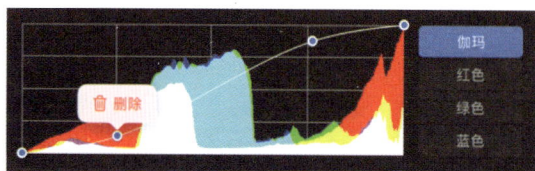

图6-29

提示

　　将曲线右侧上拉、左侧下拉，形成 S 形曲线，这是最常用的曲线调节方法，可以增强画面的对比度；相反，如果将曲线右侧下拉、左侧上拉，则会减弱画面的对比度。

色彩通道

　　"伽玛"通道用于对画面整体的明暗关系进行调节，其他 3 个色彩通道则用于对画面中的对应颜色进行调节。在图 6-30 中，左图为原图，右图为将"红色"通道中的曲线下拉后的效果。

图6-30

点击"红色"，将其作为单色调节通道，如图 6-31 所示。

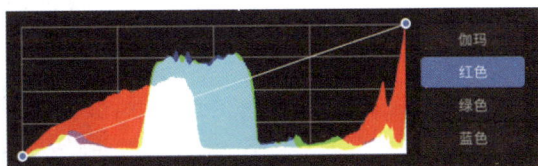

图6-31

在曲线中建立节点并调整其位置，可针对画面中的红色部分进行调节。将节点下拉后，画面中的红色部分明显被弱化，偏向绿色，如图 6-32 所示。

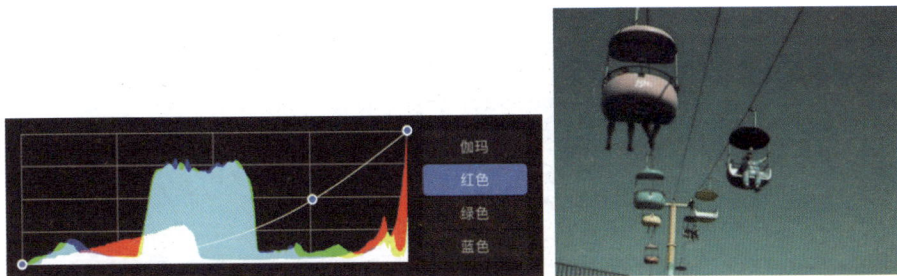

图6-32

6.2.4 渐变映射

"渐变映射"功能用于依据对画面亮暗部分的分析自动为画面着色。

点击"调整 > 渐变映射"，打开相应界面后，界面底部出现渐变色库，如图 6-33 所示，顶部出现效果强度百分比和应用模式。

渐变色库自带 7 个预设，名称下的渐变色条表示该渐变映射的色彩，越偏左的颜色应用于画面中越暗的部分，越偏右的颜色应用于画面中越亮的部分，如图 6-34 所示。

图6-33

图6-34

案例6-4：变成胶片风

素材文件位置：素材文件 >CH06> 案例 6-4：变成胶片风。
效果文件位置：效果文件 >CH06> 案例 6-4：变成胶片风。

微课视频

1．应用预设渐变映射

步骤1：将素材图片打开并作为画布，如图 6-35 所示。

步骤2：点击"调整 > 渐变映射"，打开相应界面，点击底部渐变色库中的"微风"，会发现图片中暗色部分变为深蓝色，亮色部分变为亮青色，如图 6-36 所示。

步骤3：用笔尖在画面上向左滑动，可调节该渐变映射的不透明度，效果强度百分比会随着调整实时变化，如图 6-37 所示。

图6-35

图6-36

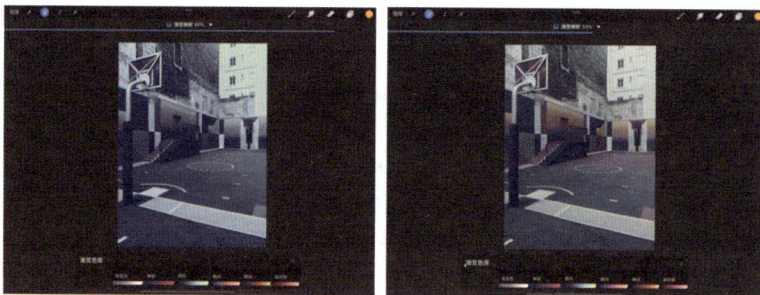

图6-37

2. 自定义渐变映射

步骤1：点击底部渐变色库右上角的➕图标，弹出渐变映射色阶定义面板，如图6-38所示。

步骤2：色阶左边的颜色将应用于画面暗部，右边的颜色将应用于画面亮部。点击色阶中的任意方块，即可选择不同的颜色改变该位置的颜色，如图6-39所示。

图6-38

图6-39

步骤3：如果想在色阶中加入新的颜色，则点击色阶中无方块的位置，即可新增一种颜色，并可通过同样的方法更改该处的颜色，如图6-40所示。

如果想将已添加的颜色删除，则长按该方块即可，如图6-41所示。

图6-40

图6-41

步骤4：设定好自定义渐变映射后，点击"完成"即可将该渐变映射保存至渐变色库中，如图6-42所示。

图6-42

提示

一个渐变映射最多包含12种颜色，至少包含两种颜色。

6.3 模糊

模糊板块共有3种模糊功能：高斯模糊、动态模糊和透视模糊。

6.3.1 高斯模糊

运用"高斯模糊"功能创造出的均匀模糊效果会使整张图片柔和化，如图6-43所示。

图6-43

素材文件位置：素材文件 >CH06>6.3 高斯模糊。

步骤1：打开素材图片作为画布，如图6-44所示。

步骤2：点击"调整"图标 ，打开"调整"面板，点击"高斯模糊"，其界面如图6-45所示。

图6-44

图6-45

界面顶端出现"高斯模糊 0%"文字和蓝色长条，在屏幕上横向滑动，即可调整"高斯模糊"效果的强度，右滑可增强效果，左滑可减弱效果，顶端会实时显示效果百分比，如图6-46所示。

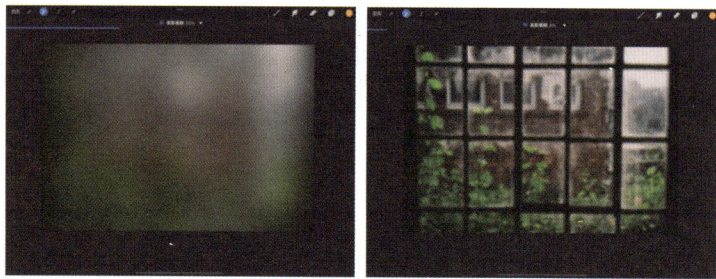

图6-46

案例6-5：风车

微课视频

  效果文件位置：效果文件 >CH06> 案例 6-5：风车。

  本案例利用"高斯模糊"功能实现画面背景的柔和效果，如图 6-47 所示。

  步骤 1：新建屏幕尺寸的画布，如图 6-48 所示。

  步骤 2：选择"气笔修饰 > 中等硬混色"画笔，设置尺寸为 20% 左右，不透明度为 100%，颜色选择蓝色，在"图层 1"中绘制曲线，如图 6-49 所示。

图6-47   图6-48   图6-49

  步骤 3：依次选择浅蓝色、浅灰色、浅紫色、浅黄色（使用吸色功能取色），继续在画布上绘制曲线，如图 6-50 所示。

  步骤 4：点击"调整 > 高斯模糊"，将强度效果调整至 60% 左右，使背景颜色融合，如图 6-51 所示。

  步骤 5：新建"图层 2"，选择"素描 >6B 铅笔"画笔，设置尺寸为 80% 左右，不透明度为100%，颜色选择黑色，绘制出前景的山坡和风力发电机，如图 6-52 所示。

图6-50   图6-51   图6-52

步骤6：新建"图层3"并置于"图层2"下方，选择"元素＞云"画笔，设置尺寸为100%，不透明度为100%，颜色选择白色，在天空中绘制一些大块云朵，如图6-53所示。

图6-53

6.3.2 动态模糊

运用"动态模糊"功能可以为画面创造出速度感和动感效果，如图6-54所示。

图6-54

案例6-6：地铁动感

素材文件位置：素材文件＞CH06＞案例6-6：地铁动感。

效果文件位置：效果文件＞CH06＞案例6-6：地铁动感。

步骤1：打开素材图片作为画布，如图6-55所示。

步骤2：点击"调整＞动态模糊"，界面如图6-56所示。

步骤3：界面顶端出现"动态模糊0%"文字和蓝色长条，在屏幕上横向滑动，将强度效果调整至20%左右，如图6-57所示。

微课视频

图6-55

图6-56

图6-57

6.3.3 透视模糊

运用"透视模糊"功能可以为图片创造出围绕一点的放射状模糊效果，如图 6-58 所示。

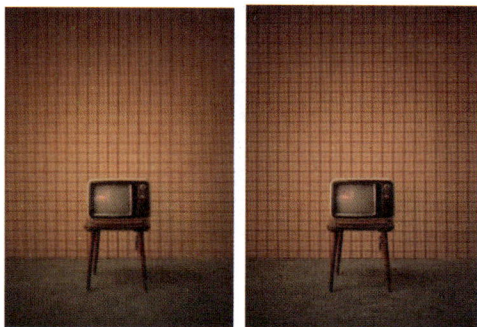

图6-58

案例6-7：聚焦电视机

微课视频

素材文件位置：素材文件 >CH06> 案例 6-7：聚焦电视机。
效果文件位置：效果文件 >CH06> 案例 6-7：聚焦电视机。

步骤1：打开素材图片作为画布，如图 6-59 所示。

图6-59

步骤2：点击"调整 > 透视模糊"，界面顶端依然是效果百分比，如图 6-60 所示。

步骤3：界面底部出现"位置""方向"选项，点击"位置"，拖曳画面中的圆盘，即可确定放射中心的位置，模糊效果将以圆盘为中心向四周放射，如图 6-61 所示。

步骤4：点击"方向"，模糊效果将以圆盘为中心单向放射，圆盘将放大并以箭头显示放射方向，旋转箭头即可调整放射方向，如图 6-62 所示。

图6-60

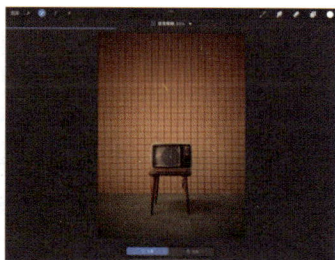

图6-61

图6-62

Procreate数字绘画实战教程
（全彩微课版）

6.4 风格化

风格化板块包含6种画面特效功能，分别是"杂色""锐化""泛光""故障艺术""半色调""色像差"，运用这些功能可以为画面添加质感或强化风格。

6.4.1 杂色

运用"杂色"功能可为画面添加随机色彩噪点，从而增强画面的颗粒感。

Procreate共有3种杂色效果：云、巨浪、背脊。3种杂色效果的放大对比图如图6-63所示，从左至右依次为云、巨浪、背脊。

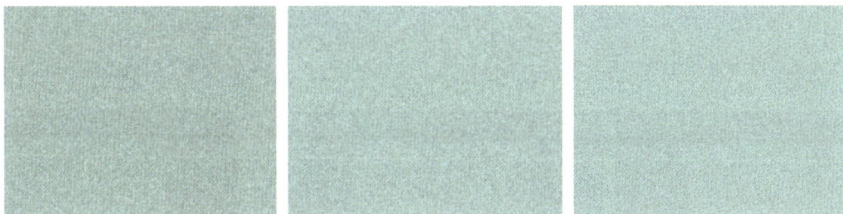

图6-63

云：颗粒感最强，对比度最强。

巨浪：与"云"相比，颗粒感稍弱。

背脊：最细腻的杂色效果。

案例6-8：杂色效果调节

素材文件位置：素材文件 >CH06> 案例6-8：杂色效果调节。
效果文件位置：效果文件 >CH06> 案例6-8：杂色效果调节。

步骤1：打开素材图片将其建立为画布，如图6-64所示。

微课视频

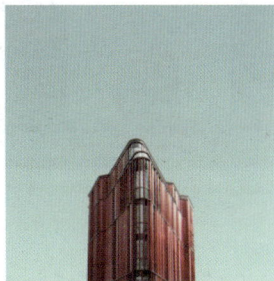

图6-64

步骤2：点击"调整"图标 ，打开"调整"面板，点击"杂色"，界面底部出现3种杂色效果、3个调节滑块和1个"通道"图标 ，如图6-65所示，顶部是效果百分比。

图6-65

步骤3：不同于其他调整效果，杂色效果的强度最多可达300%。点击"云"，并将杂色效果调整到30%左右，如图6-66所示。

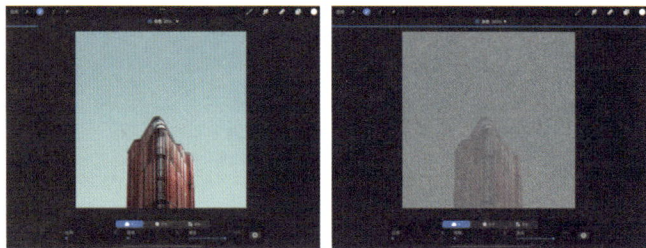

图6-66

步骤4："比例"滑块用于调节噪点的尺寸，将"比例"滑块向右拖曳，画面中噪点的尺寸增大，如图6-67所示。

步骤5："倍频"滑块用于调节杂色的复杂程度，将"倍频"滑块向右拖曳，画面中的噪点效果更加微妙、柔和，如图6-68所示。

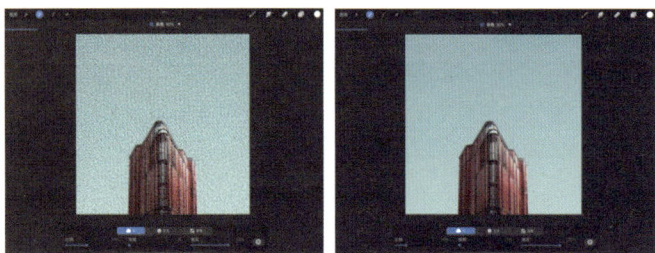

图6-67 图6-68

步骤6："湍流"滑块用于优化杂色效果的细节，将"湍流"滑块向右拖曳，画面的噪点更加富于变化，直观来看噪点会更加明显，如图6-69所示。

步骤7：点击"通道"图标 ⚙，开启相应面板，在面板中可选择杂色效果的通道，如图6-70所示。

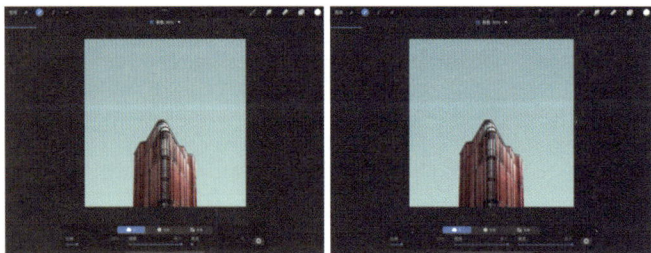

图6-69 图6-70

单一：黑白杂色，如图6-71所示。
多个：彩色杂色，如图6-72所示。

图6-71 图6-72

叠加：杂色开启不透明度，即便杂色效果为 300%，依然可辨认原图像，若不开启，则杂色效果为 300% 时将无法辨认图像，如图 6-73 所示。

图6-73

6.4.2 锐化

"锐化"功能用于强化画面中的边缘与交界处，从而增强图像清晰度和对比度，如图 6-74 所示。

图6-74

案例6-9：机器锐化

素材文件位置：素材文件 >CH06> 案例 6-9：机器锐化。
效果文件位置：效果文件 >CH06> 案例 6-9：机器锐化。

步骤1：打开素材图片作为画布，如图 6-75 所示。

步骤2：点击"调整 > 锐化"，应用锐化功能，在其界面中通过右滑增强锐化效果，如图 6-76 所示。

微课视频

图6-75

图6-76

6.4.3 泛光

"泛光"功能用于为画面的亮部增添光感并强化氛围，如图 6-77 所示。

图6-77

案例6-10：晨曦森林

微课视频

素材文件位置：素材文件 >CH06> 案例 6-10：晨曦森林。

效果文件位置：效果文件 >CH06> 案例 6-10：晨曦森林。

步骤 1：打开素材图片作为画布，如图 6-78 所示。

图6-78

步骤 2：点击"调整"图标 ，打开"调整"面板，点击"泛光"，其界面顶部将出现效果百分比，底部出现"过渡""尺寸""燃烧"3 个调节滑块，如图 6-79 所示。

图6-79

步骤 3：拖曳 3 个滑块即可调节泛光效果。

过渡：用于调整泛光效果的衔接性，如图 6-80 所示。

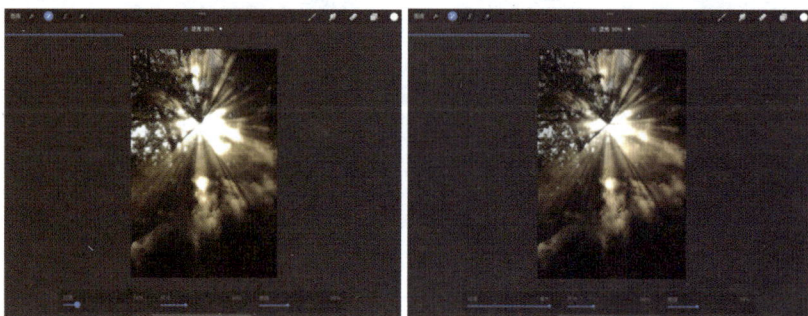

图6-80

尺寸：用于调整泛光效果的大小和边缘模糊度，如图 6-81 所示。

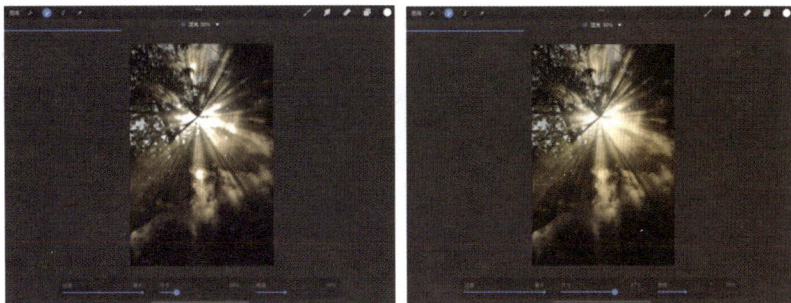

图6-81

燃烧：用于调整泛光效果的强度，如图 6-82 所示。

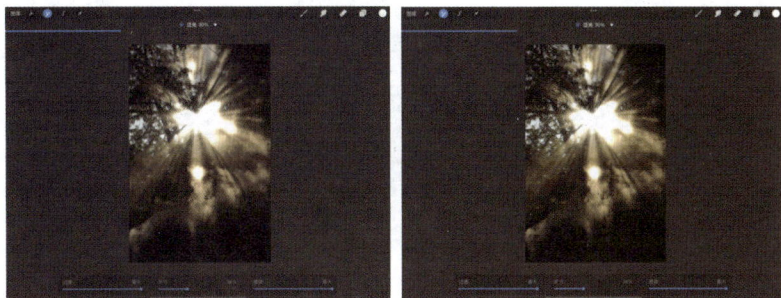

图6-82

6.4.4 故障艺术

"故障艺术"功能用于为画面添加电子图像受损的质感和故障图案，这样的效果往往会让人们联想到赛博朋克。

点击"调整 > 故障艺术"，其界面底部共有"伪影""波浪""信号""发散"4 种模式，如图 6-83 所示。

图6-83

1. 伪影

点击"伪影"可为画面模拟出影像受损时的故障效果，画面中将出现细小的杂色或浮片，如图 6-84 所示。

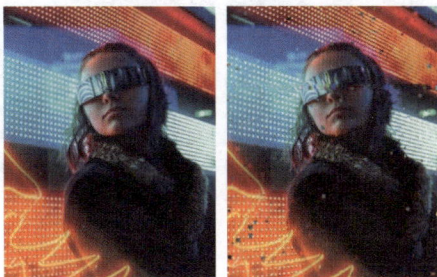

图6-84

案例6-11：故障效果

步骤1：打开素材图片作为画布，如图 6-85 所示。

步骤2：点击"调整 > 故障艺术"，打开相应界面，在界面底部点击"伪影"，界面顶部出现效果百分比和蓝色长条，底部出现"数量""单元格尺寸""缩放"3 个调节滑块，右滑将效果增强至 8%，以强化效果并进一步理解调节设置，如图 6-86 所示。

微课视频

图6-85

图6-86

步骤3：拖曳 3 个滑块，即可调整对应设置。

数量：用于控制伪影效果的强弱，如图 6-87 所示。

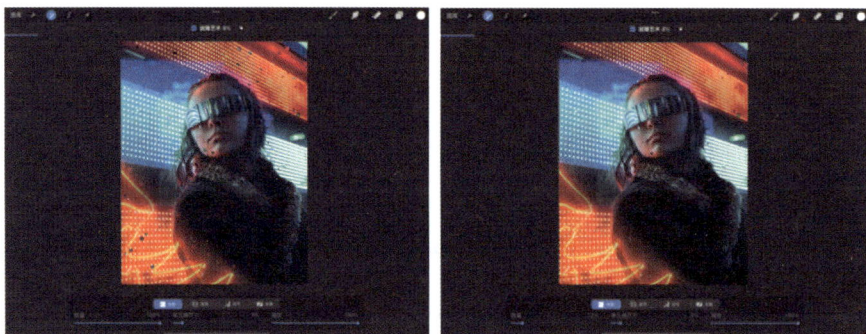

图6-87

单元格尺寸：用于控制效果中方块的大小，如图 6-88 所示。

图6-88

缩放：控制效果中方块和水平线条的大小，如图 6-89 所示。

Procreate数字绘画实战教程（全彩微课版）

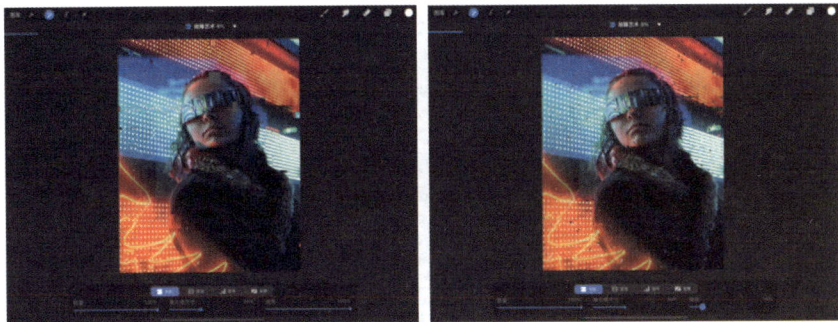

图6-89

2. 波浪

点击"波浪"可为画面模拟出波纹状的故障效果，使画面扭曲，如图 6-90 所示。

图6-90

案例6-12：波浪

微课视频

素材文件位置：素材文件 >CH06> 案例 6-12：波浪。
效果文件位置：效果文件 >CH06> 案例 6-12：霓虹灯 > 波浪。

打开素材图片作为画布，如图 6-91 所示。

图6-91

点击"调整 > 故障艺术"，打开相应界面，在界面底部点击"波浪"，界面顶部出现效果百分比和蓝色长条，底部出现"振幅""频率""缩放"3 个调节滑块，如图 6-92 所示。

图6-92

右滑将效果增强至 70% 左右，以强化效果，如图 6-93 所示。

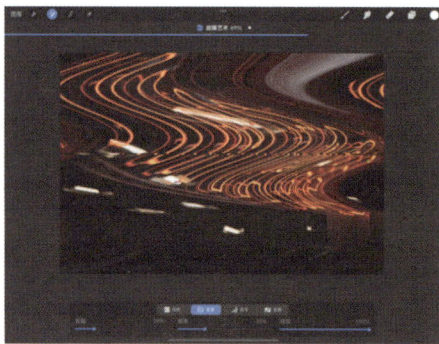

图6-93

拖曳 3 个滑块，即可调整对应设置。

振幅：用于调节波纹的幅度，如图 6-94 所示。

图6-94

频率：用于调节波纹的密度，如图 6-95 所示。

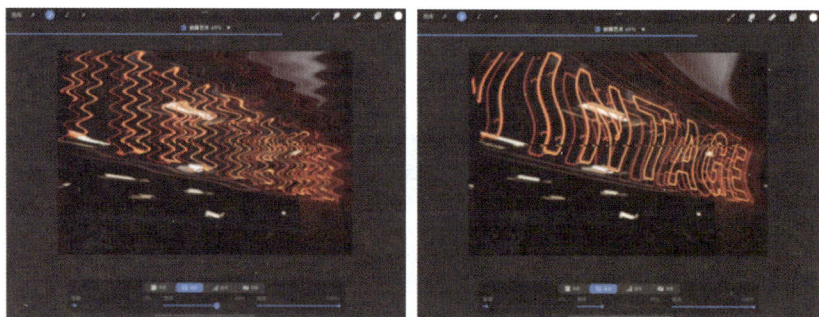

图6-95

缩放：用于调节画面中水平方向的错位效果，如图 6-96 所示。

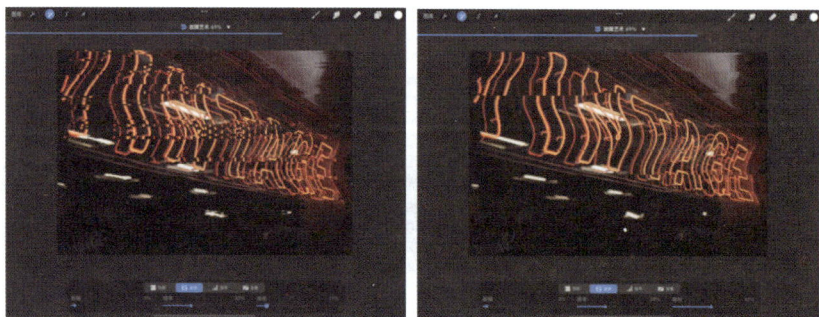

图6-96

3. 信号

点击"信号"可为画面模拟出信号受到干扰的故障效果，画面中会出现噪点、图像偏移、色块等，如图6-97所示。

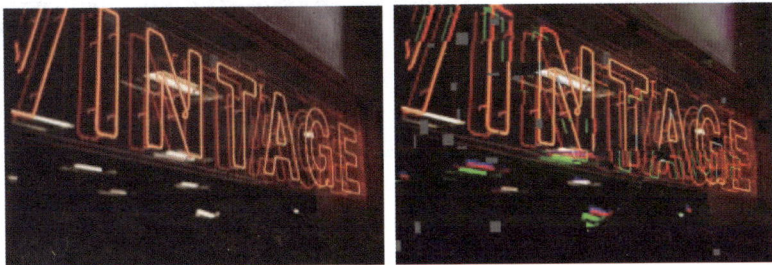

图6-97

案例6-13：信号

> 素材文件位置：素材文件 >CH06> 案例 6-13：信号。
> 效果文件位置：效果文件 >CH06> 案例 6-13：霓虹灯 > 信号。

微课视频

步骤1：打开素材图片作为画布，如图 6-98 所示。

步骤2：点击"调整 > 故障艺术"，打开相应界面，在界面底部点击"信号"，界面顶部出现效果百分比和蓝色长条，底部出现"数量""单元格尺寸""缩放"3个调节滑块，右滑将效果增强至35% 左右，如图 6-99 所示。

图6-98

图6-99

步骤3：拖曳3个滑块，即可调整对应设置。

数量：用于控制水平干扰线条的数量，如图 6-100 所示。

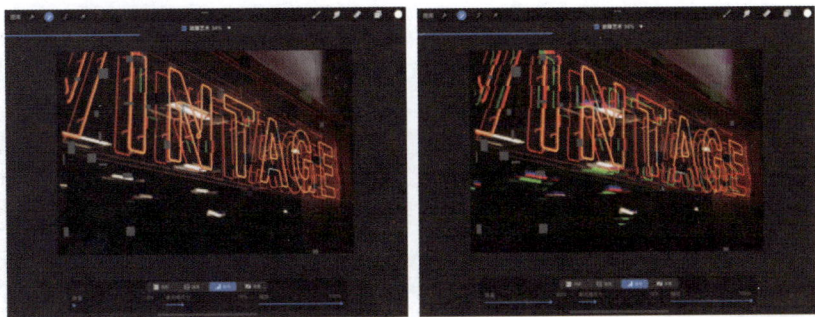

图6-100

单元格尺寸：用于控制故障效果方块的大小，如图 6-101 所示。

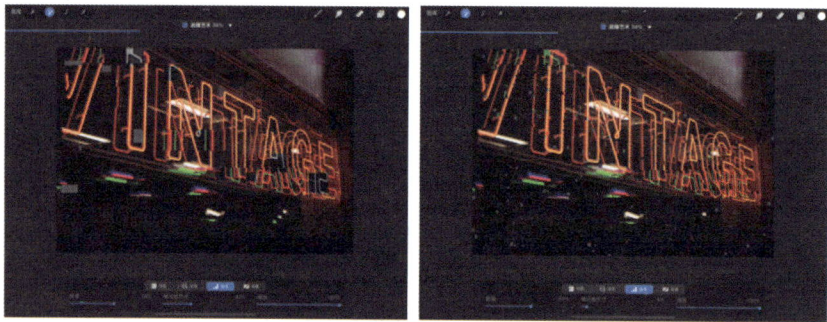

图6-101

缩放：用于控制方块和水平干扰线条大小，如图 6-102 所示。

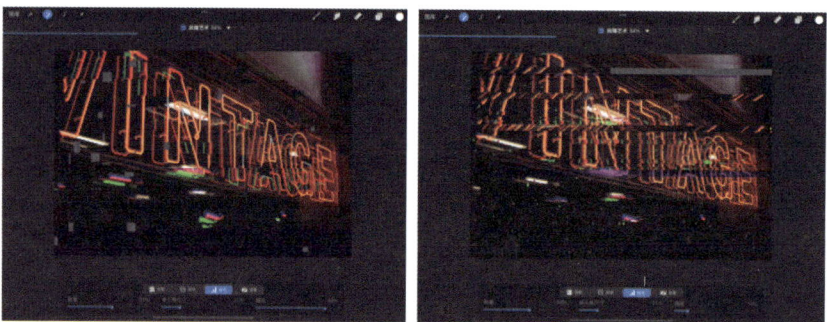

图6-102

4. 发散

点击"发散"可为画面创造伪影和色差效果，如图 6-103 所示。

图6-103

点击"调整 > 故障艺术"，打开相应界面，在界面底部点击"发散"，界面顶部出现效果百分比和蓝色长条，底部出现"红移""绿移""蓝移""缩放"4 个调节滑块，右滑将效果增强至 20% 左右，如图 6-104 所示。

拖曳 4 个滑块，即可调整对应设置。

红移：若为正数，则红色向右下方偏移；若为负数，则红色向左上方偏移。

绿移：若为正数，则绿色向右上方偏移；若为负数，则绿色向左下方偏移。

蓝移：若为正数，则蓝色向下方偏移；若为负数，则蓝色向上方偏移。

图6-104

缩放：用于控制方块和水平线条的大小，如图 6-105 所示。

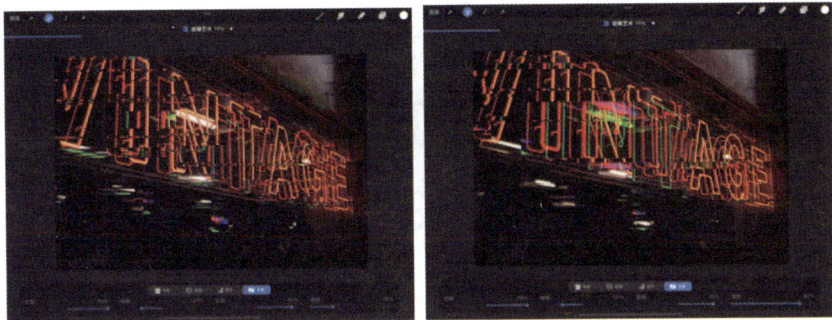

图6-105

6.4.5 半色调

"半色调"功能用于为画面增加网点效果，如图 6-106 所示。

图6-106

案例6-14：网点纹理

> 素材文件位置：素材文件 >CH06> 案例 6-14：网点纹理。
> 效果文件位置：效果文件 >CH06> 案例 6-14：网点纹理。

步骤 1：打开素材图片作为画布，如图 6-107 所示。

微课视频

图6-107

步骤 2：点击"调整 > 半色调"，进入相应界面，界面底部出现"全色""丝印""报纸"3 种模式，如图 6-108 所示，顶部同样是效果百分比。

图6-108

全色：保留原图像颜色作为背景，同时创造杂志打印效果，如图6-109所示。

图6-109

丝印：白色作为背景的丝网印刷效果，如图6-110所示。

报纸：黑白打印的报纸效果，如图6-111所示。

图6-110

图6-111

6.4.6 色像差

"色像差"功能通过改变红色和蓝色通道，模仿胶片相片的色像差效果，如图6-112所示。

图6-112

点击"调整 > 色像差"，打开相应界面，界面底部有"透视""移动"两种模式和两个调节滑块，如图6-113所示。接下来分别对这两种模式进行介绍。

过渡　　　　　　　　　无　掉落　　　　　　　　　无

图6-113

Procreate数字绘画实战教程（全彩微课版）

1."透视"模式

"透视"模式将模拟色像差围绕中心形成放射状的效果。

透视焦点:首次使用"色像差"功能并选择"透视"模式时,画布中央将出现一个圆圈,即透视焦点。按住并拖曳该圆圈,即可移动焦点,周围画面都将围绕焦点进行放射状色彩偏移,距离焦点越远的位置,色彩偏移越多,如图 6-114 所示。

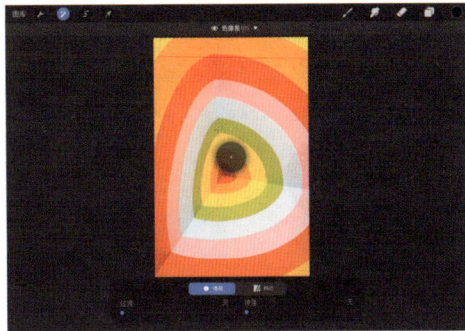

图6-114

过渡:调节色彩偏移的边缘,若值为 0%,则色彩偏移的边缘较为柔和;若值为 100%,则色彩偏移的边缘较明确,如图 6-115 所示。

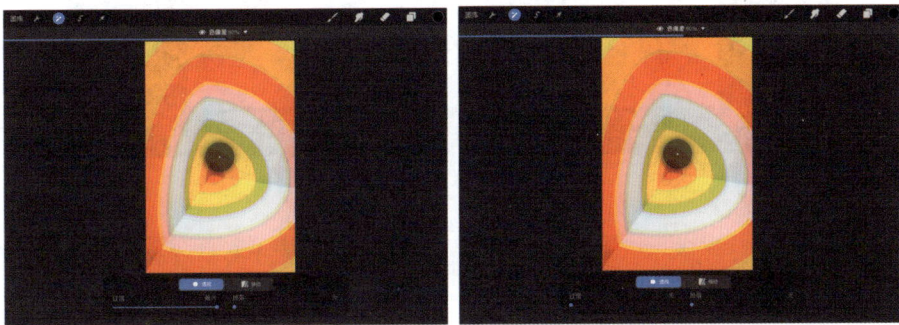

图6-115

掉落:调节焦点与色彩偏移发生处的距离。值越大,色彩偏移开始发生的位置离焦点越远;值越小,则离焦点越近,如图 6-116 所示。若值为 0%,则从焦点边缘直接开始发生色彩偏移。

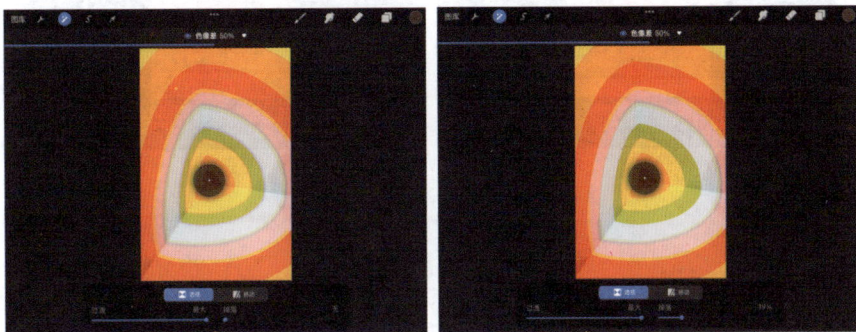

图6-116

2."移动"模式

"移动"模式相较于"透视"模式没有中心,整个画面会被平等地覆盖上色彩偏移效果。图 6-117所示分别为"透视"模式和"移动"模式的效果。

图6-117

模糊：调节色彩偏移的模糊度。数值越大，偏移越柔和；数值越小，偏移越清晰，如图 6-118 所示。

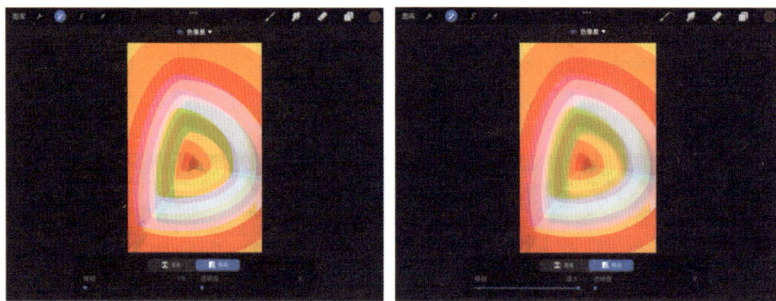

图6-118

透明度：调节色像差效果的透明度。数值越大，效果越微弱；数值越小，效果越明显，如图 6-119 所示。

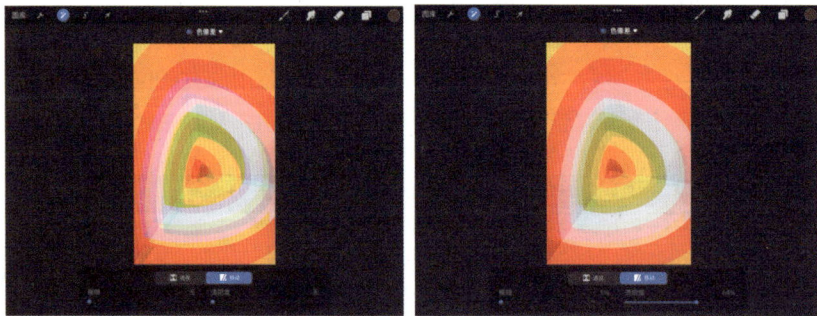

图6-119

6.5　形变

形变板块主要包括"液化"和"克隆"两项功能，运用"液化"功能可以使已有画面变形，运用"克隆"功能则可以将画面的局部内容进行复制。

6.5.1 液化

液化，顾名思义，就是使"固态"的画面可以如液体般流淌变化。液化共有 6 种模式：推、转动、捏合、展开、水晶和边缘，不同于其他调整效果，所有液化效果的添加都需要用画笔或手指进行绘制。

1. 液化模式

点击"调整 > 液化"，进入"液化"界面，界面底部将出现 6 种模式，重建、调整、重置 3 种功能，以及尺寸、压力、失真、动力 4 个调节滑块，如图 6-120 所示。

图6-120

素材文件位置：素材文件 >CH06>6.5 液化。

通过以下示例图中黄色和橙色圆形交界处的变化，可以直观地看出 6 模式的效果差异，原图如图 6-121 所示。

推：画面内容按照画笔移动方向被推动，如图 6-122 所示。

图6-121

图6-122

转动：以笔尖位置为中心，周围画面进行顺时针或逆时针转动，如图 6-123 所示。

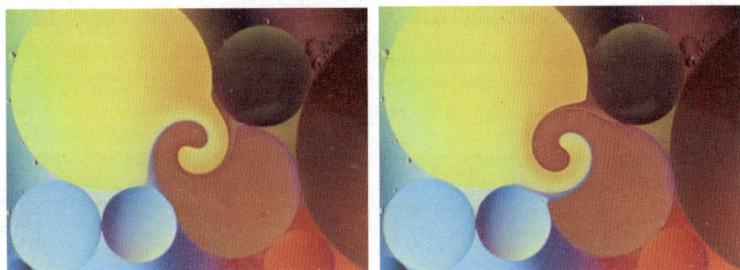

图6-123

捏合：以笔尖位置为中心，吸收四周的画面内容，如图 6-124 所示。

展开：以笔画位置为中心放大周围画面，如图 6-125 所示。

水晶：将笔画位置的内容不规则地外推，并模拟水晶碎片效果，如图 6-126 所示。

边缘：线性吸收笔画周围的画面内容，如图 6-127 所示。

图6-124

图6-125

图6-126

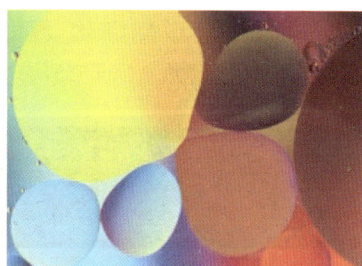

图6-127

2. 调节滑块

6种模式下方有4个调节滑块，向右滑动可加强效果，向左滑动可减弱效果，如图6-128所示。

图6-128

尺寸：用于调整笔画尺寸，影响液化效果的范围，如图6-129所示。

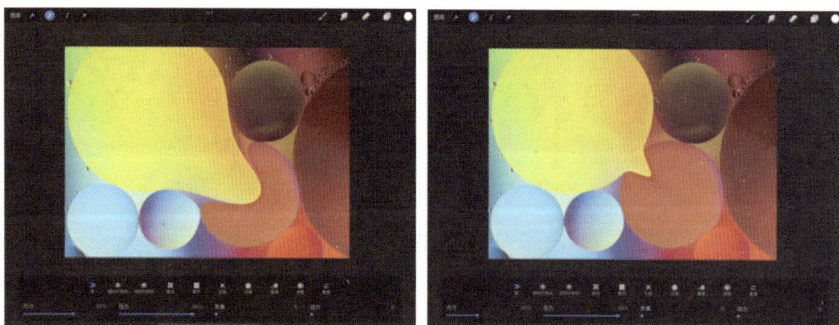

图6-129

压力：根据笔尖压力调整液化效果的强度，如图6-130所示。

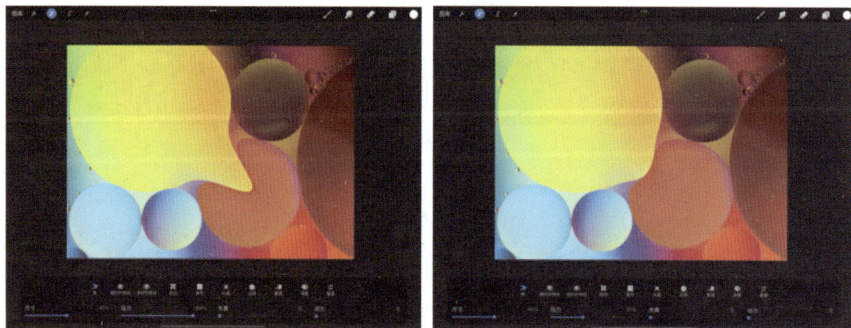

图6-130

失真：用于为液化增加不规则的效果，如扭曲、锯齿等，如图 6-131 所示。

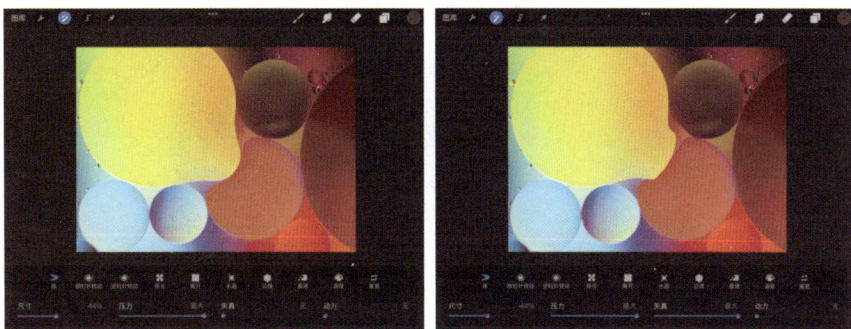

图6-131

动力：增大此值，可使笔尖离开画布后，液化效果依然发挥作用，如图 6-132 所示。

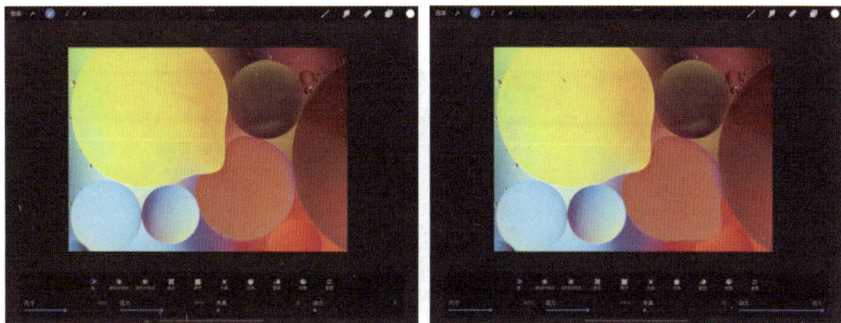

图6-132

3. 重建、调整与重置

重建：缓缓复原进行液化操作后的画面。

调整：点击"调整"，将弹出"强度 数量"滑块，可调节上一步液化操作的效果强度，左滑为减弱效果，右滑为增强效果，如图 6-133 所示。

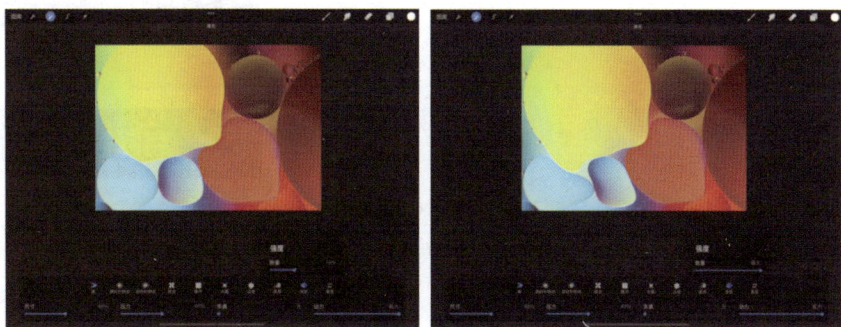

图6-133

重置：用于撤销上一步的操作。

6.5.2 克隆

素材文件位置：素材文件 >CH06>6.5 克隆。

"克隆"功能可以类比 Photoshop 中的仿制图章功能，即在同一画面中，在 A 处可以实时复制 B 处的内容。案例素材如图 6-134 所示。

图6-134

1. 克隆操作

点击"调整>克隆",进入"克隆"界面,画面中将出现一个小圆圈,如图6-135所示。

小圆圈的位置即画面源,按住小圆圈并拖曳,即可移动画面源。确定小圆圈的位置后用画笔工具在画布任意位置绘图,均会实时复制小圆圈定位的画面内容,如图6-136所示。

图6-135

图6-136

长按小圆圈后小圆将瞬间放大,界面顶端出现"克隆锁定状态"字样,表示锁定画面源位置,将无法随意移动画面源,如图6-137所示。

再次长按小圆圈,界面顶端出现"克隆解锁状态"字样,即可解锁画面源位置,随后可随意移动画面源,如图6-138所示。

2. 调整克隆效果

画面左侧平时用于调节画笔尺寸和不透明度的滑块,以及不同的画笔均可用于调节克隆效果。

尺寸:用于控制下笔后克隆区域的大小,如图6-139所示。

不透明度:用于控制克隆效果的强度,如图6-140所示。

克隆锁定状态

图6-137

克隆解锁状态

图6-138

图6-139

图6-140

6.6 本章小结

本章主要介绍了"调整"面板中的功能，从基础的画面色彩调节功能，到模糊功能、风格化功能和形变功能，针对每一项功能的运用及界面参数的调节，都进行了详细的讲解，同时对画面色彩关系的常用概念进行了介绍。

6.7 课堂练习：水母

微课视频

本练习通过综合运用"调整"面板中的功能，将一张黑白图片变为彩色图片，并丰富其质感，素材和效果如图 6-141 所示。

素材文件位置：素材文件 >CH06> 课堂练习：水母。

步骤1：打开素材图片作为画布，如图 6-142 所示。

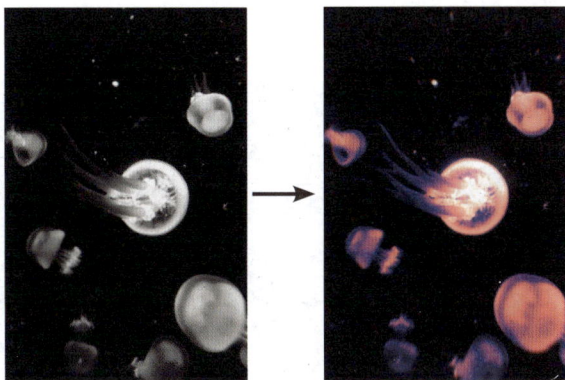

图6-141   图6-142

步骤2：点击"调整 > 渐变映射"，在其界面的渐变色库中点击"瞬间"，将效果调整为100%，如图 6-143 所示。

图6-143

步骤3：点击"调整>曲线"，打开曲线调整面板，通过在"伽玛"通道中调整曲线提亮亮部，加深暗部，如图6-144所示。

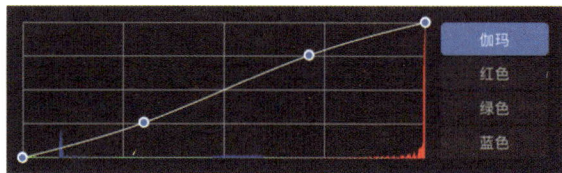

图6-144

步骤4：点击"调整>透视模糊"，在其界面中将焦点置于画面中心的水母上，将效果设置为20%，如图6-145所示。

步骤5：点击"调整>杂色"，在其界面中点击"背脊"，将效果设置为10%，如图6-146所示。

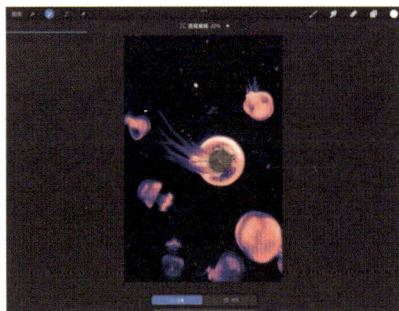

图6-145

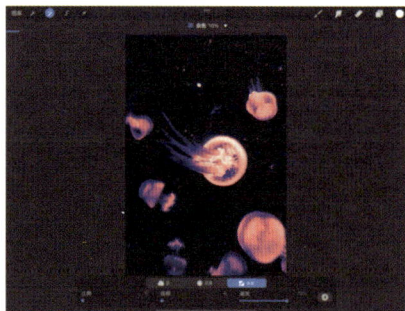

图6-146

步骤6：点击"调整>泛光"，在其界面中将效果设置为35%左右，其他参数的调节如图6-147所示，提亮画面中心的水母。

步骤7：点击"调整>色像差"，点击"透视"，将焦点置于画面中心的水母上，将"过渡"和"掉落"均设置为0%，增强画面的胶片感，如图6-148所示。

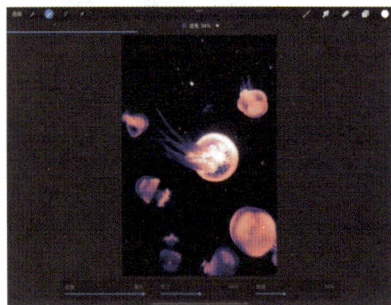

图6-147

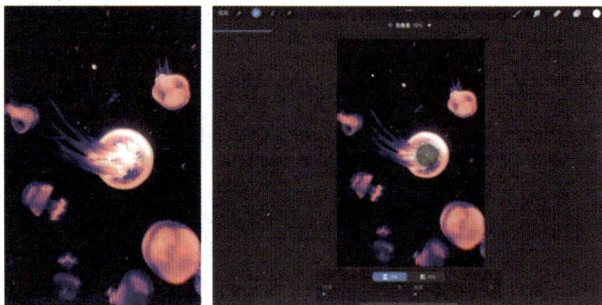

图6-148

6.8 课后练习

素材文件位置：素材文件>CH06>课后练习。

灵活使用本章介绍的调整功能，为示例图片制作黄昏时的光影效果，素材和效果如图6-149所示。

微课视频

图6-149

第7章 选取和变换

本章将讲解Procreate中的选取工具和变换工具。

本章学习目标如下。

（1）学习在Procreate中选取画面局部内容的方法。

（2）掌握4种选取模式的应用方法。

（3）学习变换工具的使用方式。

（4）掌握选取工具和变换工具的配合使用方法。

本章知识结构

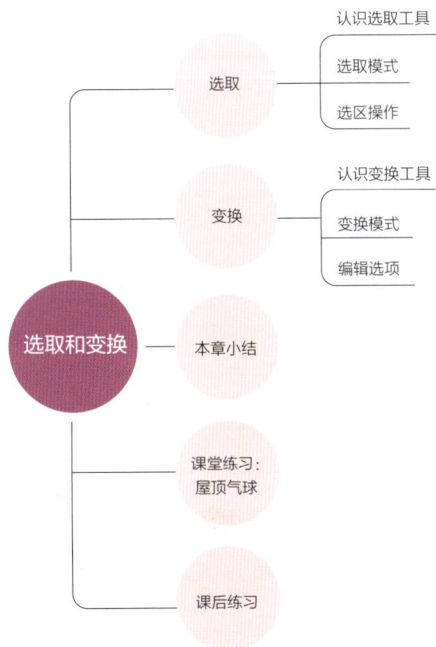

```
                                        认识选取工具
                            选取 ───────── 选取模式
                                        选区操作

                                        认识变换工具
                            变换 ───────── 变换模式
                                        编辑选项

        选取和变换 ───── 本章小结

                            课堂练习：
                            屋顶气球

                            课后练习
```

Procreate中的选取工具包括4种选取模式（自动、手绘、矩形、椭圆）和一系列选区编辑选项。变换工具共有4种变换模式：自由变换、等比、扭曲和弯曲，它可用于对画面或画面中的选区进行移动、大小调整和形变，还可用于对选区进行其他编辑。选取工具和变换工具在Procreate中常结合使用，且两个工具都相对简单、易学，故本章将二者结合起来介绍。

7.1 选取

Procreate中的选取工具用于圈定画面局部内容，创作者可对圈定部分进行针对性的修改、编辑、变换等操作。选取工具通常与画笔、擦除、调整和变换等工具结合使用。

素材文件位置: 素材文件 >CH07>7.1 认识选取工具。

在"画布"界面点击"选取"图标 ，即可启动选取工具，界面底部弹出的面板中有 4 种选取模式和一系列选区编辑选项，如图 7-1 所示。

图7-1

选择"手绘"模式体验选取功能，在画面中画一个圆形，该区域被选中，边框为虚线，如图 7-2 所示。

对选区进行绘画、擦除、涂抹、调整等多种编辑操作，选区外的区域不会被影响。进入其他编辑阶段后，选区外的部分将被覆盖动态斜线，例如，用画笔进行绘画，效果如图 7-3 所示。

图7-2

图7-3

想取消使用选取工具，再次点击"选取"图标 即可。

> **提示**
>
> 选取操作仅对当前图层内的内容有效，不可同时选取多个图层的内容。

7.1.2 选取模式

选取工具共有 4 种选取模式，分别是自动、手绘、矩形、椭圆，这一小节将对它们进行一一介绍。

1. 自动

"自动"模式适用于选取画面中颜色相近的部分，点击想选取的位置，Procreate 将自动分析相近的颜色区域并将其一起选中，在屏幕上滑动可调整选区阈值。

素材文件位置: 素材文件 >CH07>7.1 选取模式。

打开素材图片作为画布，如图 7-4 所示。

点击"选取"图标 ，在选取模式中点击"自动"，点击图片中黑色形状内的任意一点，发现黑色形状被选中且呈反色，如图 7-5 所示。

在界面中右滑，增大选区阈值，会发现选区范围扩大，界面顶端会显示当前阈值，如图 7-6 所示。

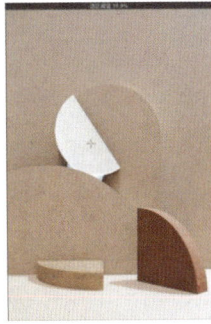

图7-4   图7-5   图7-6

当阈值过大时，整幅画面都会被选中，如图 7-7 所示。

2. 手绘

"手绘"模式用于手动绘制线条进行框选。

继续使用同一素材图片，在选取模式中点击"手绘"，画笔绘制出的线条框选的区域即为选区，如图 7-8 所示。

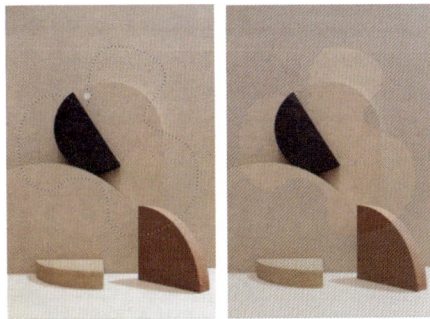

图7-7   图7-8

3. 矩形

"矩形"模式用于建立矩形选区。

继续使用同一素材图片，在选取模式中点击"矩形"，可在画布中快速创建矩形选区，如图 7-9 所示。

4. 椭圆

"椭圆"模式用于建立椭圆形选区。

继续使用同一素材图片，在选取模式中点击"椭圆"，可在画布中快速创建椭圆形选区，如图 7-10 所示。

图7-9   图7-10

提示

　　使用"矩形"和"椭圆"模式建立选区时，同样可以使用快速生成几何图形的快捷手势：一个手指拖曳创建选区，另一个手指轻按屏幕，即可生成正方形或正圆形选区。

1. 添加

点击"添加"可以在已有选区外新增选区。

素材文件位置：素材文件 >CH07>7.1 手绘。

打开素材图片使其成为画布，如图 7-11 所示。

自动模式

画面内黄色的部分共有 4 处，如图 7-12 左图所示。选取任意一处即可（示例图中选取了 1 处的圆形），如图 7-12 右图所示。

图7-11   图7-12

点击"添加"，在画布中点击其他的黄色区域，这些区域同样被选中，如图 7-13 所示。

图7-13

手绘、矩形和椭圆模式

"手绘""矩形""椭圆"模式的"添加"操作一致，这里以"手绘"模式为例。新创建一张空白画布，用画笔框选出画布内任意区域，如图 7-14 所示，选区之外的区域被灰色条纹覆盖。

点击"添加"，在画布中框选其他区域，框选的区域同样被选中，两个选区之外的区域被灰色条纹覆盖如图 7-15 所示。

用画笔对选中的区域进行涂抹，只有选区内能看出涂抹痕迹可以更清晰地看出"添加"的作用，如图 7-16 所示。

图7-14   图7-15   图7-16

2. 移除

"移除"用于删去或更改已建立的选区。

打开素材图片使其成为画布，如图 7-17 所示。

使用"椭圆"模式和"添加"功能在画面中选取几个圆形，如图 7-18 所示。

图7-17

图7-18

点击"移除"，此时新建选区包围住之前建立的某个选区，该选区将被删去，如图 7-19 所示。

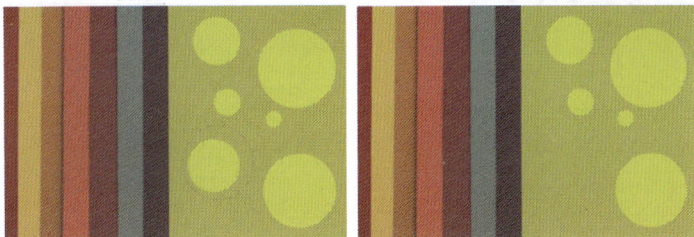

图7-19

如果让"移除"选区和之前建立的选区部分重叠，则重叠部分将被删去，如图 7-20 所示。这种操作可用于对选区形状进行修改。

图7-20

3. 反转

"反转"用于将选区反选，即使未被选中的区域成为选区。该功能在想选的区域复杂且不易选取，而其他区域易选取的情况下非常实用。

打开素材图片使其成为画布，可以看到背景颜色较为统一，但主体建筑较为复杂，不易选取，如图 7-21 所示。

选择"自动"模式，点击图片背景，并调整阈值，效果如图 7-22 所示。

点击"反转"，此时主体建筑处于被选中状态，如图 7-23 所示。

此时可以对主体建筑进行编辑，例如，使用渐变映射，如图 7-24 所示。

图7-21

图7-22

图7-23

图7-24

4. 复制并粘贴

确定选区后，点击"拷贝并粘贴"，已选区域会自动生成新图层，该图层默认名为"从选区"。

素材文件位置：素材文件 >CH07>7.1 复制并粘贴。

打开素材图片使其成为画布，如图 7-25 所示。

选择"手绘"模式，绘制选取画面中心热气球的形状，如图 7-26 所示。

图7-25

图7-26

选取完成后点击"拷贝并粘贴"，此时画面无变化，查看"图层"面板，发现选取的热气球单独形成"从选区"图层，如图 7-27 所示。

点击"从选区"图层，点击"变换"图标▉，移动"从选区"图层，画面中出现两个热气球，如图 7-28 所示。

图7-27

图7-28

5. 羽化

"羽化"用于柔和选区的边缘，可以使拼接更加自然。

素材文件位置：素材文件 >CH07>7.1 热气球。

打开素材图片使其成为画布，如图 7-29 所示。

选择"手绘"模式，点击"羽化"，弹出百分比面板，将"数量"调整至 30%，如图 7-30 所示。数值越大，羽化效果越强（边缘越模糊）；数值越小，羽化效果越弱（边缘越清晰）。

图7-29

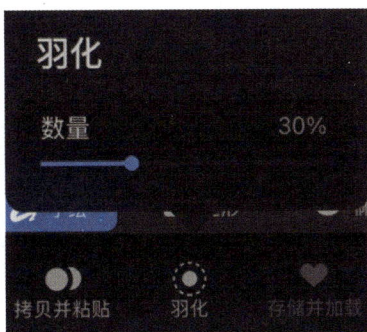

图7-30

选择"手绘"模式，绘制选取画面中心热气球的形状，如图 7-31 所示，点击"拷贝并粘贴"。

此时"图层"面板中出现"从选区"图层，从缩览图可见热气球的边缘是模糊的，如图 7-32 所示。

图7-31

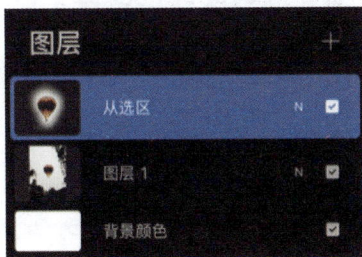

图7-32

点击"从选区"图层，点击"变换"图标 ，移动"从选区"图层，画面中出现两个热气球，且边缘非常自然，与上一个练习对比，效果明显，如图 7-33 所示。

图7-33

6. 存储并加载

点击"存储并加载"可保存选区，并可在需要时读取选区。该功能在对画面进行分区处理时适用，可通过保存多个选区来省去每次重新选取的步骤。

素材文件位置：素材文件 >CH07>7.1 存储并加载。

打开素材图片使其成为画布，如图 7-34 所示。

选择"自动"模式，选取红色门的形状，如图 7-35 所示。

图7-34

图7-35

选取完成后点击"存储并加载"，弹出"选区"面板，如图 7-36 所示。

点击面板右上角的"+"图标，门的选区被存储至此，如图 7-37 所示。

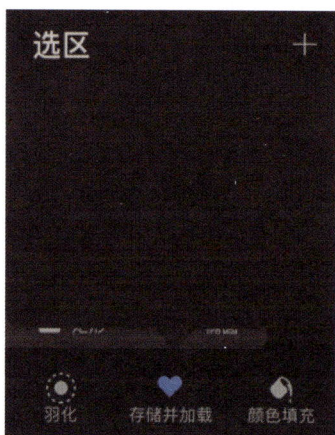

图7-36

图7-37

退出"选区"面板并再次点击"存储并加载"开启"选区"面板，依然可见刚才保存的"选区 1"。点击"选区 1"，门的区域被重新选中，如图 7-38 所示。

图7-38

7. 颜色填充

点击"颜色填充"可为选区上色。

打开素材文件使其成为画布，如图 7-39 所示。

图7-39

点击"存储并加载"，在弹出的面板中点击刚才存储的"选区 1"，如图 7-40 所示。

通过右上角的"颜色"面板选择合适的颜色（这里选择桃红色），再点击"颜色填充"，门的选区即被填充为桃红色，如图 7-41 所示。

图7-40

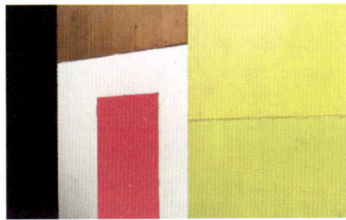

图7-41

8. 清除

点击"清除"可将所有选区清除。

素材文件位置：素材文件 >CH07>7.1 清除选区。

打开素材图片使其成为画布，如图 7-42 所示。

使用"椭圆"模式和"添加"功能在画面中选取几个圆形，如图 7-43 所示。

点击"清除"，画面中所有选区均消失，如图 7-44 所示。

图7-42

图7-43

图7-44

提示

如果误点击了"清除"，则可通过点击"撤销"或双指点击的撤销手势来恢复选区。

7.2 变换

Procreate 的变换工具用于对画面内容或选区进行位置、尺寸和形状的调整，常与选取工具结合使用。

7.2.1 认识变换工具

1. 启动变换工具

素材文件位置：素材文件 >CH07>7.2 启动变换工具。

打开素材文件使其成为画布，除"背景颜色"图层外，该文件共有两个图层，分别是"飞行器"图层和"背景"图层，如图 7-45 所示。

图7-45

点击"飞行器"图层，点击"变换"图标 ，图层中的"飞行器"将被选中，被矩形虚线框包围，界面底部出现 4 种变换模式和一系列编辑选项，如图 7-46 所示。

图7-46

> 提示
>
> 变换操作仅对当前图层内的内容有效，不可同时变换多个图层的内容。

2. 变形节点

选区边框的 4 个角和 4 条边的中点处有蓝色圆点，即"变形节点"，可用于调节选区的尺寸和形状。

拖曳蓝色圆点，即可调节选区的尺寸和形状，调节时会实时显示当前选区的宽高数值，如图 7-47 左图所示。在不同的变换模式中，移动节点产生的变换效果不同，如图 7-47 右图所示。

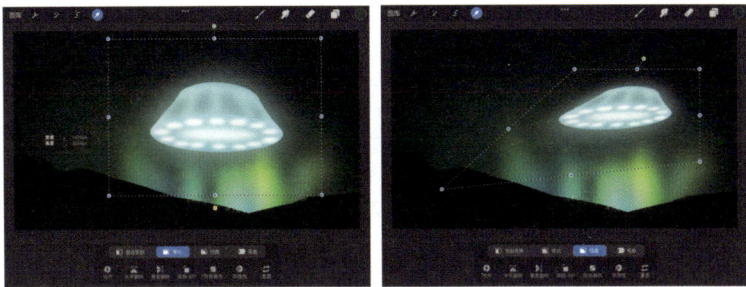

图7-47

3. 边框调整节点

选区边框下方的黄色圆点为"边框调整节点",用于旋转选区。

拖曳黄色圆点,即可旋转选区,旋转时会实时显示旋转角度,如图 7-48 所示。

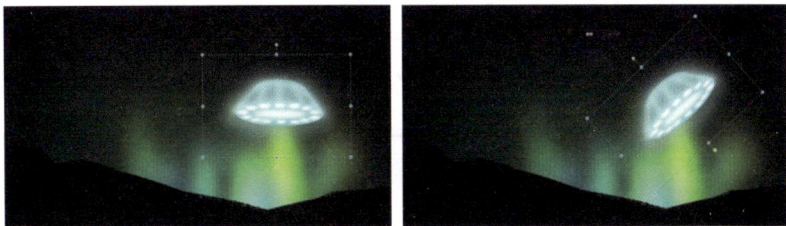

图7-48

7.2.2 变换模式

Procreate 中的变换工具共有 4 种变换模式,本小节将对它们进行一一介绍。

1. 自由变换

"自由变换"模式可在原图像的比例自由变化的情况下拉伸或挤压图像。

素材文件位置:素材文件 >CH07>7.2 自由变换。

打开素材文件使其成为画布,除"背景颜色"图层外,文件内共有 3 个图层,分别为"云"图层、"热气球"图层、"草地"图层,如图 7-49 所示。

图7-49

点击"热气球"图层,点击"变换"图标 ,热气球被选中,如图 7-50 所示。

点击"自由变换",拖曳蓝色圆点,会发现热气球的形状根据圆点位置变化,且比例失衡,如图 7-51 所示。

图7-50

图7-51

2. 等比

"等比"模式可在保持原图像的宽高比例不变的情况下放大或缩小图像。

继续使用练习素材，点击"热气球"图层，点击"变换"图标 ，热气球被选中，如图 7-52 所示。

点击"等比"，拖曳蓝色圆点，会发现热气球的尺寸根据圆点位置变化，但图像不会比例失衡，如图 7-53 所示。

图7-52

图7-53

3. 扭曲

"扭曲"模式可以让图片的 4 个角的节点任意变换位置，从而创造倾斜效果或透视效果。

点击"热气球"图层，点击"变换"图标，热气球被选中，如图 7-54 所示。

点击"扭曲"，拖曳蓝色圆点，会发现热气球的形状根据圆点位置变化，且比例、形状均会失衡，热气球产生透视效果，如图 7-55 所示。

图7-54

图7-55

4. 弯曲

"弯曲"模式可在图像上建立网格，拖曳网格中的线条或节点，可以使图像的外形发生扭曲形变。

点击"热气球"图层，点击"变换"图标 ↖，热气球被选中，如图 7-56 所示。

点击"弯曲"，会发现图像被覆盖了网格，如图 7-57 所示。

图7-56

图7-57

拖曳网格内部或边缘任意线条或节点，会发现热气球的形状发生扭曲，如图 7-58 所示。

将网格向图像内部拖曳，图像还会产生折叠效果，如图 7-59 所示。

图7-58

图7-59

案例7-1：空中的热气球

本案例将综合使用上述变换模式，让读者进一步了解每种模式的区别和用法。案例效果如图 7-60 所示。

微课视频

图7-60

步骤 1：打开素材文件使其成为画布，除"背景颜色"图层外，文件内共有 3 个图层，分别是"云"图层、"热气球"图层、"草地"图层，如图 7-61 所示。

图7-61

步骤 2：调整"云"图层前可先将"热气球"图层隐藏，以便观察。点击"云"图层，点击"变换"图标 ✐，云被选中，如图 7-62 所示。

步骤 3：点击"自由变换"，拖曳节点调整云的尺寸和形状，并适当调整角度，将云放大并移动至草地上方，如图 7-63 所示。

图7-62

图7-63

步骤 4：取消隐藏"热气球"图层，点击"热气球"图层，点击"变换"图标 ✐，点击"扭曲"，拖曳节点使热气球微微倾斜，如图 7-64 所示。

步骤 5：点击"等比"，将热气球缩小，并移动至左上方，如图 7-65 所示。

图7-64

图7-65

Procreate数字绘画实战教程（全彩微课版）

7.2.3 编辑选项

1. 对齐

"对齐"用于让图像自动贴边对齐。点击"对齐"即可开启"对齐"功能，如图 7-66 所示。

图7-66

开启后，移动或变换选区内容时，屏幕上会出现蓝色辅助线来标记是否对齐，如图 7-67 所示。再次点击"对齐"会弹出"设置"面板，其中除"对齐"之外还有 3 个编辑选项，如图 7-68 所示。

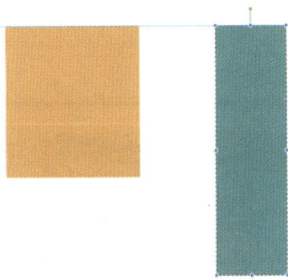

图7-67

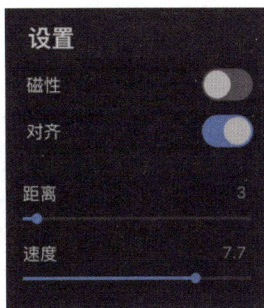

图7-68

- 磁性：开启后，选区将自动贴合对齐。
- 距离：控制选区到对齐边缘线之间触发贴合功能的距离，通常设置为 1 ~ 5。
- 速度：设置影响选区触发对齐的移动速度。

距离值和速度值因人而异，读者可以通过多次练习，找到最令自己满意的值。

2. 翻转

"翻转"包含"水平翻转"和"垂直翻转"，可快速翻转选中的图像，常用于调整透视、光影关系或在绘画过程中检查造型。

素材文件位置：素材文件 >CH07>7.2 翻转。

打开素材文件使其成为画布，除"背景颜色"图层外，文件内只有一个"面条"图层，如图 7-69 所示。

图7-69

点击"面条"图层，点击"变换"图标，面条被选中，点击"垂直翻转"，效果如图 7-70 所示。

点击"水平翻转"，效果如图 7-71 所示。

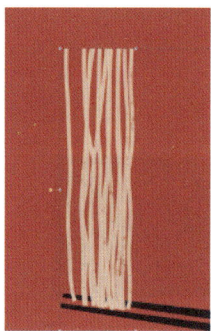

图7-70

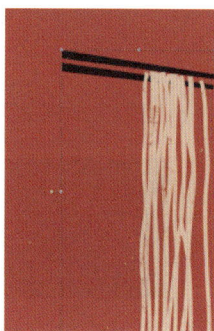

图7-71

3. 旋转45°

继续使用练习文件，点击"旋转 45°"，选区内容将顺时针旋转 45°，如图 7-72 所示。

4. 符合画布

"符合画布"能够让变换对象填充整个画布，如图 7-73 所示。

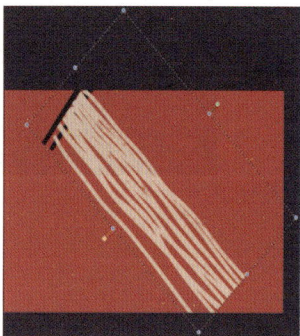

图7-72

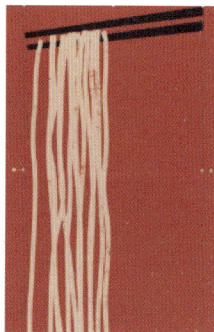

图7-73

5. 插值

"插值"用于调整被缩放、旋转或变形后的图像的像素。

最邻近：缝合出锐利、准确的图像，但易出现锯齿边缘。

双线性：产生的图像比"最邻近"柔和。

双立体：产生的图像有最平滑、柔和的效果。

6. 重置

"重置"能够撤销变换的全部操作，使图像恢复原样。

7.3 本章小结

本章主要介绍了选取工具和变换工具，通过图文讲解和具体案例练习，使读者对两个工具的各种模式和编辑选项有了全面的认识。在实际操作中，选取工具和变换工具常常配合使用，接下来在课堂练习中进行练习。

7.4 课堂练习：屋顶气球

微课视频

素材文件位置：素材文件 >CH07> 课堂练习：屋顶气球。
效果文件位置：效果文件 >CH07> 课堂练习：屋顶气球。

步骤 1：打开素材图片使其成为画布，如图 7-74 所示。

步骤 2：点击"操作 > 添加 > 添加图片"，将气球的素材图片导入当前画布，形成"已插入图像"图层，如图 7-75 所示。

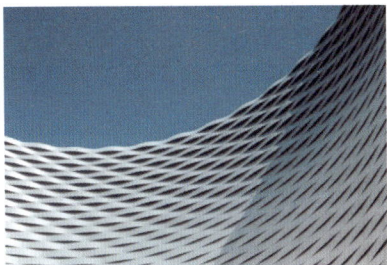

图7-74

图7-75

步骤 3：点击"选取 > 手绘"，将"羽化"的"数量"调整为 30%，选取画面中的气球，如图 7-76 所示。

图7-76

步骤 4：选取完成后，点击"拷贝并粘贴"，形成"从选区"图层，并把"已插入图像"图层隐藏，如图 7-77 所示。

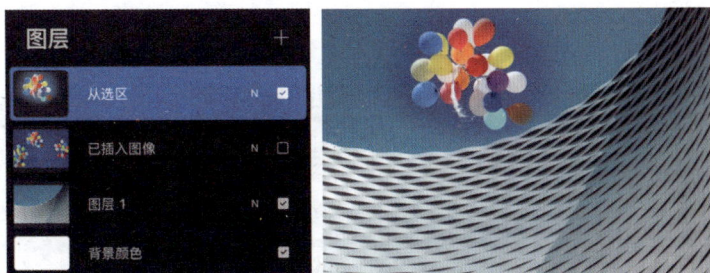

图7-77

步骤 5：此时气球图片的背景蓝色和天空蓝色有些不融合，点击"调整 > 亮度"，提高气球的亮度；点击"调整 > 色彩平衡"，在"中间调"通道中增加黄色和青色，调整气球图片的背景颜色，使其与天空颜色融合，如图 7-78 所示。

图7-78

步骤 6：点击"变换"图标 ，点击"等比"，调整气球的位置和大小，如图 7-79 所示。

图7-79

7.5 课后练习

微课视频

素材文件位置：素材文件 >CH07>7.5 课后练习。

通过对两张素材图片进行选取和变换操作，以及调节画布尺寸和使用调整工具，将渔民图像自然地移到湖面图片中，素材和效果分别如图 7-80 和图 7-81 所示。

图7-80

图7-81

综合案例

第 **8** 章

本章将讲解Procreate数字绘画的综合案例，帮助读者进一步掌握软件中不同工具的配合使用方法和完整的数字绘画流程。

本章学习目标如下。

（1）进一步熟悉Procreate中的功能和工具。

（2）灵活配合使用Procreate中的不同工具。

（3）体验Procreate数字绘画的完整流程。

（4）摸索并培养个人的数字绘画创作习惯。

本章知识结构

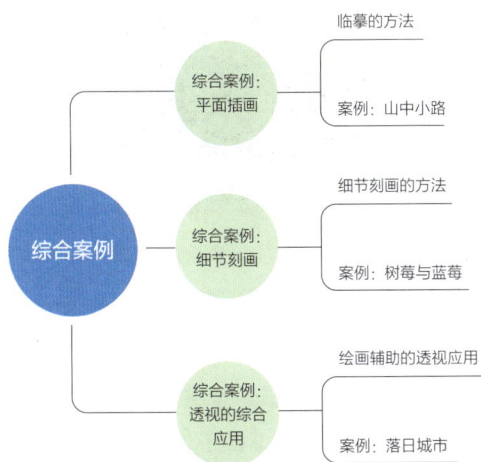

综合案例

综合案例：平面插画 —— 临摹的方法 / 案例：山中小路

综合案例：细节刻画 —— 细节刻画的方法 / 案例：树莓与蓝莓

综合案例：透视的综合应用 —— 绘画辅助的透视应用 / 案例：落日城市

本章共有 3 个复杂程度递增的综合案例，每个案例都需要运用到 Procreate 内的多种工具，以便锻炼读者综合运用软件的能力。通过由浅至深的练习，读者可以温习并实践 Procreate 中大部分常用功能并了解完整的创作流程。

8.1 综合案例：平面插画

本案例以临摹为学习方式，结合使用剪辑蒙版、快速生成几何图形等功能，主要通过大面积上色完成创作，画面复杂程度适中。

8.1.1　临摹的方法

本书中的大部分练习都以临摹为主要学习方式，即读者根据已有示例图片和详细的操作步骤进行绘制，本质是通过对其他作品进行模仿来收获经验。

临摹的第一步工作不是画，而是观察和思考。面对示例图片，观察画面整体是什么色调、主要用色有哪些、画面主要部分如何划分、细节如何刻画等，甚至可以思考哪些地方有待改进、哪些地方可以自我创新等。通过初步观察和思考，创作者可以对画面有基本认识，并且形成大致的作画思路。这样的学习方式虽然费力，但会比"照葫芦画瓢"式的模仿收获更多、进步更大。

8.1.2　案例：山中小路

本案例的思考重点为远景、中景、近景的区分和红绿对比色的灵活使用，作画思路主要是由整体到局部细节。效果如图 8-1 所示。

微课视频

图8-1

1．确定整体大色块

效果文件位置：效果文件 >CH08> 案例：山中小路。

步骤 1：新建屏幕尺寸的画布，点击"操作 > 画布 > 参考"，点击"导入图像"，将示例图片导入作为参考，如图 8-2 所示。

步骤 2：将背景颜色调整为浅黄色，如图 8-3 所示。

步骤 3：选择"绘图 > 奥伯伦"画笔，尺寸可灵活调整，设置不透明度为 100%，颜色选择灰绿色，在"图层 1"中绘制最远处的山脉，如图 8-4 所示。

图8-2

图8-3

图8-4

Procreate数字绘画实战教程（全彩微课版）

步骤 4：在"图层 1"中绘制层层叠叠的山脉，山脉颜色由远及近不断变深、变饱和，如图 8-5 所示。

步骤 5：使用同样的画笔，颜色选择灰绿色，在画布下半部分画出地面，并使用橘色将靠前的部分提亮，创造出空间感。至此，画面大色块基本铺完，如图 8-6 所示。

图8-5

图8-6

2. 中景刻画

步骤 1：新建"图层 2"，使用同样的画笔，颜色选择灰褐色，在"图层 2"中绘制出中景的山，如图 8-7 所示。

步骤 2：使用同样的画笔，颜色选择黑色，适当调小尺寸，在山下画一个隧道口，如图 8-8 所示。

图8-7

图8-8

步骤 3：新建"图层 3"，颜色选择浅灰色，在山前地面上画出 S 形的公路，如图 8-9 所示。

步骤 4：新建"图层 4"，选择更亮的颜色，提亮公路的前半段，并建立剪辑蒙版使其绘制范围不超出公路形状，如图 8-10 所示。

图8-9

图8-10

3. 主体汽车刻画

步骤1：使用较小的画笔尺寸，颜色选择红色，在公路上勾勒出小汽车的外形，如图8-11所示。

步骤2：颜色选择亮红色，提亮小汽车的顶部受光面，并结合擦除工具修整出小汽车的外形，如图8-12所示。

步骤3：使用黑色勾勒出小汽车的车窗和车轮，在车窗上添加反光效果进一步细化小汽车，如图8-13所示。

图8-11 图8-12 图8-13

步骤4：点击"操作＞分享＞JPEG"，将作品导出为图片。

8.2 综合案例：细节刻画

本案例以细节刻画为主要练习目的，绘画过程中对工具和特效的使用较少，主要锻炼读者的观察能力和刻画能力。

8.2.1 细节刻画的方法

细节刻画本质上依然是对形与色的把控和描绘，其基础是画面整体色彩和造型的构建。在进行细节刻画时，切忌注重细节而忽视了画面整体，细节始终为画面整体服务，所以可以画几笔细节就将画布缩小，观察整体画面，再判断是否需要继续。

8.2.2 案例：树莓与蓝莓

本案例的重点是水果表面细小变化的刻画，以及多个小物品堆叠摆放时应如何刻画，效果如图8-14所示。

效果文件位置：效果文件＞CH08＞案例：树莓与蓝莓。

1. 确定整体大色块

步骤1：新建正方形画布，点击"操作＞画布＞参考"，点击"导入图像"，将示例图片导入作为参考，如图8-15所示。

微课视频

Procreate数字绘画实战教程
（全彩微课版）

图8-14

图8-15

步骤 2：在"图层 1"中对背景做简单处理，选择"气笔修饰 > 中等硬混色"画笔，尺寸自定，用绿色铺背景，用浅灰色简单地勾勒出盘子，如图 8-16 所示。

步骤 3：新建"图层 2"，选择"着墨 > 听盒"画笔，尺寸自定，颜色选择红色，铺出树莓的形状；新建"图层 3"，颜色选择蓝色，铺出蓝莓的形状，如图 8-17 所示。

图8-16

图8-17

2. 细节刻画

步骤 1：在树莓所在的图层中，使用"听盒"画笔并结合涂抹工具添加树莓的质感细节，如图 8-18 所示。该步骤对观察能力和归纳能力有一定要求，需耐心进行。

步骤 2：新建"图层 4"，颜色选择淡黄色，勾勒出树莓的受光面，并将图层混合模式调整为"添加"，效果如图 8-19 所示。

图8-18

图8-19

步骤 3：复制"图层 4"，并对其进行高斯模糊处理，将图层不透明度调整为 40% 左右，树莓会呈现出朦胧的光晕，如图 8-20 所示。

步骤 4：勾勒出树莓周围的小须，如图 8-21 所示。

步骤 5：对蓝莓进行细节刻画，用与刻画树莓细节一样的方法为蓝莓添加受光面（新建图层—绘制高光—混合模式设为"添加"—复制图层—添加"高斯模糊"效果），如图 8-22 所示。

步骤 6：处理背景，提亮右上方的绿色，并调整盘子的形状，如图 8-23 所示。

图8-20

图8-21

图8-22

图8-23

8.3 综合案例：透视的综合应用

本案例以"绘画辅助"为确定画面中建筑外形的主要功能，同时运用"高斯模糊"效果、图层混合模式和剪辑蒙版等，是本章中整体难度最高，细节最为丰富的案例。本案例在造型上较为可控，需耐心观察并根据步骤一步步绘制。

读者在创作过程中可以时刻保持主观能动性，不必完全按照示例步骤进行操作，可以根据自己的需要或习惯主观地调整，如多建几个图层、使用自己喜欢的画笔等。

8.3.1 绘画辅助的透视应用

本案例需要大量利用"透视"参考线，通过建立两点透视来准确地描绘建筑的造型和外立面窗户的形状。在开始绘画前，如果对"绘画辅助"记忆模糊，可以先温习前面的内容，再进行操作。

8.3.2 案例：落日城市

效果文件位置：效果文件 >CH08> 案例：落日城市。

本案例的主要作画思路是由前景至远景，先确定大面积色彩和形状，再刻画建筑细节，最后添加画面整体质感效果。效果如图 8-24 所示。

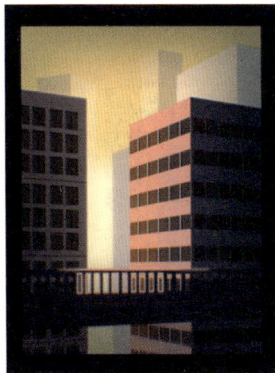

图8-24

1. 确定主体造型及颜色

步骤1：新建屏幕尺寸的画布，点击"操作＞画布＞参考"，点击"导入图像"，将示例图片导入作为参考，如图 8-25 所示。

步骤2：背景颜色选择浅黄色，如图 8-26 所示。

图8-25

图8-26

步骤3：点击"操作＞画布＞绘图指引"，启动"绘图指引"功能后，点击"编辑绘图指引"，设置为两点透视，如图 8-27 所示。

步骤4：根据绘图指引，选择"书法＞单线"画笔，尺寸可灵活调整，设置不透明度为100%，颜色选择粉橙色，在"图层1"中根据绘图指引的辅助线画出前景建筑的受光面，如图 8-28 所示。

图8-27

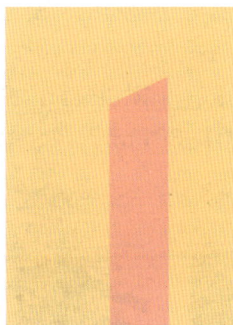

图8-28

步骤5：使用同样的方法和画笔，颜色选择灰蓝色，绘制出建筑的背光面。新建"图层2"，颜色选择灰紫色，绘制左侧的前景建筑，如图 8-29 所示。

步骤6：新建"图层3"并置于顶层，补充建筑的线条细节，并在其中绘制前景的桥梁，如图 8-30 所示。

图8-29

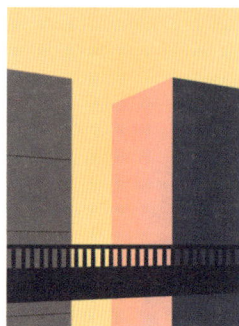

图8-30

2. 细节刻画

步骤1：新建"图层4"并开启图层的"绘画辅助"功能，使用同样的画笔，颜色选择灰褐色，在"图层4"中勾勒并填充每一层楼窗户的整体形状，如图8-31所示。

步骤2：新建"图层5"并将其设定为"图层4"的剪辑蒙版，在其中绘制竖向的窗框线，并为窗户边缘添加投影和受光面，如图8-32所示。

图8-31

图8-32

步骤3：将"图层4"和"图层5"组合为"新建组"，复制"新建组"。对"新建组"进行如下灵活调整：水平翻转；进行自由变换和弯曲调整，使其符合背光面的透视关系；移动至背光面合适的位置；通过调整工具降低明度，使其符合背光面的整体色调。调整好后即可直接作为背光面的窗户使用，如图8-33所示。

步骤4：用同样的方法，为左侧建筑添加窗户细节，如图8-34所示。注意两栋楼的窗户形状有所区分，这一步需要耐心操作。

步骤5：新建"图层6"并置于顶层，使用同样的画笔，颜色选择粉橙色，勾勒山墙梁栏杆的受光面，如图8-35所示。

图8-33

图8-34

图8-35

步骤 6：复制"图层 6"，点击"调整 > 高斯模糊"，设置效果强度约为 15%，创造出模糊的光晕效果，如图 8-36 所示。

步骤 7：选中绘制窗户的"图层 4"，并开启"阿尔法锁定"，将较远一侧用橙色提亮，画出受光渐变的效果，如图 8-37 所示。

图8-36

图8-37

3. 氛围营造

步骤 1：新建"图层 7"并开启"绘画辅助"，将"图层 7"置于底层，根据透视的辅助线，用半透明的灰色绘制远处建筑的受光面和背光面，如图 8-38 所示。

步骤 2：新建"图层 8"并置于底层，颜色选择淡黄色，画出楼宇间的阳光并进行高斯模糊处理，如图 8-39 所示。

步骤 3：新建"图层 9"并置于顶层，颜色选择黑色，勾勒画布的四周，并使用"高斯模糊"效果营造出暗角效果，如图 8-40 所示。到这里，绘画的步骤基本完成。

图8-38

图8-39

图8-40

4. 增强画面质感

步骤 1：点击"操作 > 分享 >JPEG"，将作品导出为图片并保存在相册中，回到"图库"界面，打开刚才保存的图片文件，如图 8-41 所示。

步骤 2：点击"调整 > 杂色"，点击"背脊"，为画面添加杂色复古感，如图 8-42 所示。

步骤 3：点击"调整 > 泛光"，适当加强图中的阳光效果，如图 8-43 所示。

步骤 4：点击"调整 > 半色调"，为画面添加胶片感，如图 8-44 所示。

步骤 5：点击"操作 > 画布 > 裁剪并调整大小"，将画布拉大一圈并填充黑色，完成后效果如图 8-45 所示。

图8-41

图8-42

图8-43

图8-44

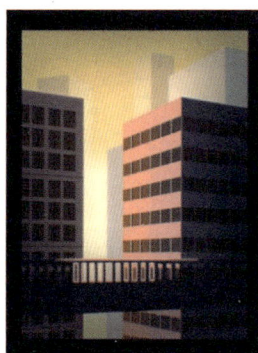

图8-45